化學有多重要，為什麼我從來不知道？

意想不到的化學奧祕，就在你我的生活日常！

鍵盤化學觀察家

陳瑋駿 著

推薦序

你的化學宇宙是浩瀚無垠的！

　　在收到瑋駿新書的推薦序邀請時，心裡感到很榮幸，而拜讀完書稿之後，看到自己的學生對化學充滿興趣，進而以創新且有趣的觀點闡釋生活中與化學有關的現象，更有「青出於藍、更勝於藍」的感覺。

　　這本書很適合正在學習理化的中學生閱讀，甚至可以當作課本之外的輔助讀物，為什麼呢？首先，本書內容涵蓋了課本內強調的大部分核心知識點；再者，拜網路發達所賜，幾乎所有中學課程內容都可以在茫茫網海之中找到適合的線上學習資源，也就是說，在學校裡任教的老師們，可能會面臨到學生在上課之前已經自學完你即將要講述的內容。所以如果老師們只是死板板地講述科學原理、說明解題方式、照本宣科的話，想必台下的學生早已神遊到別處了，課堂的吸引力大大下降。

　　但是，如果能夠適當地利用想像力，把生活現象中背後的科學原理以生動的比喻來說明，善用擬人化或生活中的情

境來類比這些生活中現象背後的科學原理，那麼學習的邊界可以因想像力而無限擴張，沒錯，也就是你的化學宇宙是浩瀚無垠的，當然，學習效果也會提升許多！舉例來說，當學習到元素週期表的相關內容時，可以參考書中所述幼稚園大亂鬥的比喻，讓原本在週期表中冷冰冰的元素符號，運用想像力轉變成幼稚園中的小朋友們，這樣可以把原子得失電子的難易度比喻成小朋友的個性差異。還有，當學習到同位素的概念時，可參閱書中所述如何把 3 個名字相同的陳怡君小朋友辨認出來的比喻，來理解科學家分辨同位素的方法。

除了以上所提到的，舉凡常在課程中出現的濃度、溶解度、酸鹼性、氧化還原反應、大氣壓力等概念，在本書都能找到好記又讓你印象深刻的神比喻，可以大大地增進對科學課程的好感度！

除此之外，本書也很適合一般大眾閱讀，因為它會在生動地解釋科學原理後，挑選出普羅大眾常有的一些似是而非的觀點，以活潑有趣的口吻加以說明，幫助大家破除心中的迷思。

總而言之，看到瑋駿把自己對科普的熱情灌注在這本書中，再加上商周出版的編輯同仁協助在文字旁配上畫龍點睛的插圖，為這本書增添可看性、易讀性，誠摯地把這本書推薦給想進入豐富化學世界的大朋友、小朋友喔！

台北市敦化國中教師　侯宇洲

作者序

去建構屬於自己的化學宇宙吧！

「化學」顧名思義，是一門探討「變化」的科學。在英文裡，也有人將「Chemistry」拆解為「Chem Is Try」，把這兩句話綜合在一起看，似乎在暗示著，化學家在做的事情，就是透過不斷地嘗試來研究萬事萬物的變化。相信你有聽過，這世上唯一不變的事物就是「變」，既然變化無所不在，那也就是說，化學其實無所不在。

不知道讀到這裡你會不會有個疑問，如果化學真的是無所不在，為何在日常生活中不但難以察覺，甚至當難得能吸引人注意的時候，結果經常都是新聞上不好的事件，要不是化學工廠毒物外洩、爆炸，不然就是有害物質殘留，甚至跟毒品有關，雖然偶爾新藥物合成、諾貝爾獎等新聞可以稍稍平衡一下，但與化學有關的負面新聞，出現頻率總是高於正面新聞。相信有許多人初次知道身邊同學念化學系時，第一句問的多半就是「你會不會做毒品？」或「你會不會做炸彈」？

其實只要稍加留意，就不難注意到，只要食品想要強調「天然健康」的形象，總是會用「化學」作為負面形象的代表，講得好像任何事物只要冠上「化學」兩個字，就是危害的象徵。許多廣告以「不含化學成分」來強調產品出自天然，相信你已經不只聽過一次。我還記得這個概念甚至成為某家品牌的廣告語：恨化學的〇〇〇〇。

然而事實上，他們銷售產品之一的洗衣粉，正是利用「化學」來達成除汙的目的，這紮紮實實是一個本於化學的產品，卻如此背刺化學，要是這世上有化學之神，祂可是會哭哭並詛咒他上廁所都找不到衛生紙。因為這對化學實在是太不公平了！即便你不懂化學，只要仔細檢視，化學早就默默在日常生活中助你一臂之力，甚至是現今科技發展的基石之一。可惜的是，化學對我們如此重要，世間對它們卻抱持敵意，面對諸多誤解的輿論滿天飛舞，「化學之神」不僅千言萬語說不出口，而且還沒辦法藉由起乩來對我們表達不滿。既然如此，我心想，那就來幫忙平反一下吧！

癥結點會是科學教育的普及率嗎？台灣的國民義務教育普及率是眾所皆知的高，照理來說，嚴重背離科學事實的言論不應該普遍流傳才對。但事實上，在現行的教育體制下，科普教育經常淪為升學考試的工具，那些記不清的元素符號、常常搞錯的反應式，還有繁雜的計算過程也就這麼壞了大家的胃口，在心中留下相當大的陰影面積。然後當看到化

學相關的事件時，過去學習化學的不好經驗頓時讓人心裡感到隱隱作痛，最後拒絕更深入去了解細節。

　　但事實上，理解日常生活中的化學現象並不是太困難的事，而且正因為我們肉眼看不到原子世界在我們眼皮底下做了什麼事，所以它們的一舉一動更讓我們充滿了想像。也因為每個人的成長經歷都不相同，如果你要10個化學家形容他們所理解的化學時，也許會有10種，或更多種的比喻！在這本書裡，我把我自己對化學世界的想像變成了輕鬆、有趣的文字讓大家看到，試著換一個角度來讓各位認識化學，過程中完全不需要你拿出紙筆計算，而且讀完之後，也許你對化學會有跟我完全不同的想像，擁有你自己的化學宇宙！

　　這本書從構成物質的基本粒子——原子開始講起，我將用10個篇幅來喚醒你對生活化學的好奇心，像是歷久不衰的「負離子」到底是怎麼一回事，連吹風機都要來參一腳？鹼性離子水真的可以拯救酸性體質，讓我們遠離醫生嗎？要怎麼做才可以讓水像氣泡水那樣充滿氣泡？甚至告訴你著名的曼陀珠噴泉是怎麼回事，為什麼它可以讓氣泡一湧而出？看完本書你會發現，原來真的有那麼多化學原理默默躲在生活當中，而且它們一點也不像電視上講的那麼可怕。本書也會提到一些化學小實驗，讓化學讀起來更加有趣生動！

　　對這個世界多一分理解，就像是看一場籃球比賽，如果你能理解球賽的規則、球員的特色、教練戰術的運用，看球

賽時就不會僅止於看每一個進球的當下，還會讚嘆得分的戰術策略。理解化學，不僅讓你更明白化學現象背後的原理，更重要的是希望你在面對化學時，可以常保一個清晰的頭腦去判斷是非對錯。懂一點化學，不僅能守住我們的荷包，甚至讓我們越活越健康！現在就讓我們翻開下一頁，開始用化學的角度探索生活吧！

目 錄
CONTENTS

第 1 章 | 由「原子」構成的世界
——構成萬物的基本粒子

第 2 章 | 小小原子核的巨大能量
——從「核反應」、「核能發電」到「輻射線」

第 3 章 | 你的半糖不是她的半糖
——揭開「濃度」的祕密

第1章

由「原子」構成的世界

——構成萬物的基本粒子

地球上所有物質都是由原子構成的。目前為止，你可以在元素週期表上面找到總共118 種原子。但事實上，裡面有許多原子是「人工打造」——也就是依賴實驗室合成，而且它們稍縱即逝，以致於平常在地球上根本察覺不到他們的蹤影。根據研究，地球上自然存在的原子共有 98 種。因此整個世界，大至陸地海洋，小至細菌病毒，都在這 98 種原子的範圍內，所以這個世界沒有什麼東西「完全不含化學成分」，因為就連你與我也都很「化學」。

01

化學不等於實驗室！
生活比你想的還化學

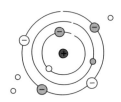

　　如果要用一句話來激怒一個化學系學生，我想，劈頭直問對方：「你們化學系應該滿會做炸彈齁？」應該是不錯的選擇。但要是你們交情不錯，光看他雙手握拳、快要爆氣的表情，同時卻得顧及情面努力擠出尷尬笑容還不過癮、還想挑戰彼此友情極限的話，你可以 Combo 第二招：拿一個廣告 DM，指著上面大剌剌的廣告詞說：

「欸你看，這化妝品（或是食物、飲料），
竟然不含化學成分欸！」

　　希望你的化學系朋友聽完之後，當下沒有白眼翻到抽筋。

　　現在，我要你時光倒流到那個美好的學生時代，或者你現在就是個學生，試圖回想一下，並試著用一分鐘的時間，

描述看看在國、高中的化學課裡，浮現在腦海的人事物。希望別只剩老師獨家的色色的記憶口訣，或是一些廢到笑的笑話，然後……然後就什麼都記不起來了……

拉回現實，脫離學校太久後，每當在新聞看到又臭又長的化學名稱，或廣告文宣炫砲離奇的科學原理，是否難免黑人問號兩眼發愣，總是半信半疑地看待這一切的真實性，非得等著別人發文帶風向才知道該站在哪一邊？

對於平常不在實驗室裡生活的人來說，總覺得「化學」這個詞象徵著實驗室、燒杯、試管、酒精燈和各種五顏六色的液體與會變色的試紙，正如電視上食品、藥品的廣告，只要拍攝到實驗室的畫面，往往都會有個人身穿白色實驗衣，戴著護目鏡，手舉高高，把燒杯或試管湊到眼睛前面細細端詳，相信這個畫面可以說是大眾對於化學實驗室的印象，離生活是那麼遙遠。但其實不然，化學不但與我們密切相關，還密切到你不能否認「**人體就是一座化學工廠**」這樣的事實。

那麼，

為什麼「不含化學成分」會讓化學系學生如此生氣呢？

因為我們知道，**地球上所有的物質都是由「原子」所構成的。**

02

整個宇宙
都是原子積木的傑作

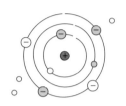

　　從文章一開始，我們提了好多次的「原子」，原子到底是什麼東西呢？簡單來說，

原子是構成萬物的基本粒子。

　　你有看過樂高積木作品嗎？積木愛好者可以用一塊塊的小積木，拼接出國內外知名建築物甚至是山水畫……如果你曾為了壯觀的樂高積木作品感到驚訝，那麼換個角度來思考，你更應該對這世間萬物感到震驚，因為如同我們一開始提到的，**地球上自然存在的原子共有 98 種**，這 98 種原子就像是一塊塊積木，而僅靠著這 98 種積木，就能打造出我們生活的地球，其中還包含了成千上萬的生物，更別提其他數都數不清的無生命體！

　　所以，從來沒有什麼東西「不含化學成分」——除非廠

商賣的保養品是一股神奇的能量波，當你打開蓋子的瞬間，就散發出某種東方神祕能量，讓皮膚上的瑕疵瞬間消失……

　　至於許多保養品廣告之所以總是多加了「不含化學成分」這 6 個字，目的只是想讓消費者回想起以前那些黑心業者使用非法化學原料，曾做出些駭人聽聞的黑心產品的社會案件，以強調自己「天然、純粹、不傷身」的商品特質。然而，業者大可表明自己不使用哪些對人體不好的化學品，都好過這種「科學不正確」又販賣恐懼的廣告詞。

　　雖然組成物質的基本粒子是原子，不過我們還可以再更靠近一點去看待原子，更具體而詳細地說：

原子都是由 3 種更小的粒子
—— 電子、質子、中子所構成的（氫原子例外）。

「原子」是構成萬物的基本粒子。

03

「原子幼稚園」大亂鬥

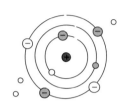

　　一般人們對於原子樣貌的想像，不外乎就是有幾個依循既定軌道的粒子，環繞著正中央的一個小球，就像是太陽系的行星在環繞太陽一樣。而那些依循軌道運行的小粒子，就是電子。雖然經過科學論證後我們知道，電子其實沒有依循特定軌道運動，而是在固定區域中隨機出現，不過多數人通常還是有著類似的印象。

　　那麼問題來了，在想像的圖像當中，我們已經知道電子就在中央小球的外圍環繞。但是，還沒提到的另外兩個粒子──質子與中子的位置會在哪？如果就在中心的小球裡，那麼，那個小球到底是質子還是中子呢？

答案揭曉：小球裡面是質子……還有中子！

　　通常只要我這麼回答，第一次聽到這個答案的人總會有些生氣：「到底在賣什麼關子！講話就好好講嘛！什麼又是

質子還有中子的，都要聽不懂了！」

別急別急，聽我解釋。質子與中子雖然是兩種粒子，但它們並不是像西瓜籽一樣分散存在原子各地，而是一起縮在整個原子的中心，小小一團，被稱作「**原子核**」。

原子核有多小呢？以教科書上常見的比喻，就像是**一整座足球場中心的一枚 10 元硬幣那麼小**。而這麼小的一個中心，卻占了整個原子將近百分之百的重量。這神奇的反差是不是很驚人？

而且從人的角度來看，如果我們把這些原子看成是幼稚園裡的小朋友，那麼，這 118 個在元素週期表上的原子，就

原子核在原子中只占極小的體積。

像是 118 個樣貌、脾氣和個性都不同的小朋友，有的很安靜、聽話，有的天生喜歡蹦蹦跳跳，靜不下來，還有一些則頗有叛逆精神，打打鬧鬧個不停！那麼，是什麼原因造成這些原子小朋友在個性上的差異呢？

正是由於質子、電子、中子這 3 個基本粒子的排列組合，造就了 118 種性質相似、相異的原子，而這些原子分別持有的質子、電子數，也恰好正是 1 ～ 118 個，電子與質子數相等。

只不過，每個原子對於這些先天具備的條件，並不一定滿意。就像小孩子們時常不滿足於自己所擁有的玩具數量一樣。除此之外，電子相當輕，又分布在原子較外圍的位置，因此當兩個原子相遇時，電子經常會淪為「交易」的籌碼。

所以如果你得在元素週期表上面，挑一個原子當小孩養，那你一定要審慎考慮。因為原子們的個性不同，相遇在一起的時候隨時會展開一場電子爭奪戰！

大致來說，像是氟、氯這樣的原子，天生性格很差，看別人有什麼就眼紅，喜歡搶走別人家的電子，於是擁有的電子數目比質子還多，成為「**陰離子**」；還有一些像是鈉、鉀這樣的原子，天性慷慨大方，總是把自己的電子貢獻出去而變成「**陽離子**」。所以像氯、鈉原子相遇的時候，毫無懸念地，鈉就會雙手將電子乖乖奉上給氯（生成的氯化鈉是食鹽的主要成分）。

　　另外還有一些原子，像是氦、氖原子，就像是社會上的超級邊緣人，彷彿無欲無求，不搶東西也不會把自己的電子拱手送給人，如此佛系的他們若非不得已，根本就不和其他原子進行互動……

　　察覺到新名詞「離子」了嗎？沒錯，人們為了能夠識別原子們的電子數目狀況，於是決定——

當原子們經過電子爭奪戰，
導致電子與質子數目不再相等，
我們就不叫他「原子」，要改稱作「離子」！

　　再細分下去，電子比質子多時，我們稱作「陰離子」；反之，電子比質子少，稱作「陽離子」。

電子爭奪戰之後，原本的「原子」就會變成「離子」。

04

鹼性離子水，
越喝越健康？

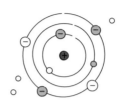

　　講到離子，你是否已發覺，即便脫離了學校，似乎對這個詞還是覺得有點熟悉？這是因為在生活中，你一定經常在電視廣告、電器商品甚至生活日用品中看見離子的存在，彷彿不管什麼商品，只要加入「離子」兩個字，價格就會水漲船高。

　　這就好比街頭賣滷肉飯，一碗 30 元，但如果給它換一個「潮」一點的名字，例如：福爾摩莎豚肉醬飯佐羅勒……看起來是不是尊爵不凡！好像是哪個五星級大飯店的招牌菜。

　　加了「離子」二字的產品比比皆是。其中價格最親民、也最常見的「離子產品」，大概就是「鹼性離子水」了。

　　你一定曾在便利超商或超市中看過這款商品吧？在眾多飲用水商品中，「鹼性離子水」看起來總是特別醒目。

到底什麼是鹼性離子水？
它與一般的水有什麼不同呢？

我們先得從「水」講起。水無所不在，甚至人體有約 7 成的重量都是由水所貢獻的。而**大自然的水體，像是山泉水、海水等，本身即含有若干含量的礦物質，這些礦物質本身就是以離子的形式存在**，尤其陽離子的種類繁多，例如鈣、鎂、鉀、鈉離子等等……對人體的好處也不盡相同，因此，在營養攝取上，你常常會看到這些傢伙。相較之下，礦物質的陰離子種類就比較少。

然而事實上，大自然的法則會告訴你，陰陽離子必定會同時出現，由於陰陽離子之間存在著靜電吸引力，概念上很像磁鐵「**同性相斥、異性相吸**」的原理。透過這樣的類比，你一定能理解陰陽離子必定不會單獨存在，因此在含有鈣、鎂、鉀、鈉等等陽離子的水中，也一定會有陰離子像是氯離子的存在。

這也就是說，**一般的礦泉水本身就已經是離子水了**。那麼，「鹼性」又是怎麼弄出來的呢？

以目前的技術來說，製作鹼性離子水時，多半會經過「**電解**」的程序。電解是一個要是說起來天空可能會暗一半的冗長過程，不過簡單來說，電解就是水體通電的一個程序，水體只要經過電解之後，就可以從中獲得所謂的「鹼性水」。

　　雖說是鹼性，不過水體的鹼性並不是很強，對於健康的人體來說，並不具太大的影響。商人於是利用大眾對於酸性體質的錯誤理解，特意強調「鹼性離子水能『中和』你的酸性體質，這種經電解的高科技水，多喝多健康！」，並經過大作一番文章後，就成了你在便利超商、各大超市隨手可買到的「鹼性離子水」。

　　現在你知道了，**鹼性離子水其實就是電解水**。而且不管水是酸性還鹼性，在我們把水喝下肚後，它第一關就會遭遇到胃酸……胃酸可是強酸性的，鹼性水本身的弱鹼性在強酸底下根本不值得一提，更別提調整體質這種離譜的說詞。

　　在這抽絲剝繭的過程中，如果你漸漸感到商業話術的荒謬，那麼你就能繼續前進了！同時你也會發現：

最容易信以為真的「偽科學」，
往往來自我們對科學知識的一知半解。

　　而在我們日常生活中，經常可見類似鹼性離子水這種誇大、斷章取義產生的商品！

　　但話又說回來，離子真的一無是處嗎？那也未必。接下來我們要說幾個與鹼性離子水一樣，同樣是商人話術製造出來，卻讓消費者趨之若鶩的商品：「負離子空氣清淨機」與「負離子吹風機」！

05

走到哪 就 feat. 到哪的負離子

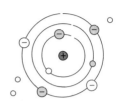

「負離子」在商品化的過程中算是被徹底濫用了，負離子的走紅，完全可說是拜商業行銷所賜。

什麼是負離子呢？跟我們剛才提到的「陰離子」差別又在哪？雖然本質上來說，負離子與陰離子原本應指一樣的事物，只是翻譯上的問題，但若以商品化的初衷，負離子往往被視為**「帶有電子的空氣」**。雖然這並不是一個科學正確的名詞，不過為了接下來討論方便，我們先遷就大多數人的慣性稱呼，叫它負離子吧。但別忘了，這裡所說的負離子，是「帶有電子的空氣」。

為何讓空氣攜帶電子就可以賣錢？

這跟一個小遊戲有關。你有玩過**氣球摩擦頭髮**的遊戲嗎？因為氣球本身材質的緣故，與頭髮摩擦時，可從頭髮中

氣球與頭髮摩擦時，會從頭髮中獲得電子，可吸附頭髮。

得到少量電子，形成所謂的「**靜電**」。你會發現，氣球在摩擦頭髮後稍微拿開，不要離頭皮太遠，你可以看到髮絲會微微豎起，彷彿被吸附在氣球上。

　　事實上，氣球能吸附的不僅是頭髮而已，還可以吸起小碎紙片，還有灰塵微粒。同樣回過頭來看，**「帶有電子的空氣」就像「帶有電子的氣球」一樣**，可以吸附空氣中的小灰塵，進而達到空氣清淨、除塵的效果。不過，無論是空氣或氣球上的電子都無法久留，不消幾分鐘就會跳出去而回到原本不帶電的狀態。

　　經過解釋之後，你是否覺得負離子並不是什麼特別先進的技術？不過，空氣不像氣球那樣可以抓來摩擦頭髮，那麼

要如何吹出充滿負離子的空氣呢？

很簡單，只要在吹風口加裝一個所謂的「**負離子產生器**」就可以了（這玩意兒超便宜，不信去 Google 看看）！它會透過通電，讓電子們在一個金屬尖端上集合，當空氣通過金屬尖端時，會順手抓了點電子帶走。於是帶著電子的空氣就此啟程，接著就像前述的氣球例子一樣，**把空氣中微小的髒汙粒子給吸住啦！**

雖然商人口中的負離子不是一個「科學正確」的名詞，但既然有所謂的負離子，相對來講

有「正離子」嗎？如果有的話，它們又有什麼用呢？

你有到過瀑布旅行嗎？是不是許多人都會形容，在瀑布旁呼吸時空氣特別清新舒暢？沒錯！瀑布周圍的空氣往往比較乾淨。這不完全是因為森林裡汙染少的緣故，而是瀑布下墜的水珠在與空氣摩擦時，少量的電子會從水珠短暫轉移到空氣中，此時不只是空氣，其實**就連小水珠也具有吸附灰塵微粒的功能，而小水珠正是「正離子」**。所以透過正、負離子的幫忙，空氣特別乾淨清爽（同樣的，大雨過後的空氣是不是也很清新？）！

如果還不相信「正離子」的存在，再拿著氣球摩擦頭髮

看看吧！當氣球離開頭髮之後，試試看，找一些小紙片靠近頭髮，頭髮是不是一樣可以把紙片吸起來呢？這是因為電子從頭髮跑到氣球的緣故，此時的頭髮短暫失去了一些電子而帶正電，證明了正離子也有一樣吸附塵埃的作用。

　　負離子的應用還不止於「吸附」，若應用得宜，**負離子的另外一個特性——「互斥」也能成為生財工具**。例如近年極受歡迎的負離子吹風機，幾乎是所有旅日觀光客搶購家電名單的第一名。許多人使用後發現，一般吹風機是使用大量熱風吹乾頭髮，但吹乾效果卻遠不如負離子吹風機那麼好，這到底是怎麼回事呢？

瀑布旁的空氣之所以特別清新，是因為小水珠吸附了灰塵微粒。

首先，來談談

為什麼吹風機要搭載負離子產生器？

要知道，負離子與負離子之間並不是互相吸引，而是互相排斥。在負離子被吹送到頭髮之後，電子跳到頭髮上面，頭髮之間便「相看兩厭」不容易糾纏在一起，進而維持髮絲之間的秩序，頭髮便相對容易快乾。

但這樣子講對負離子來說的確是有些過譽，因為要快速吹乾頭髮還得考慮風量、溫度等因素，不同機種的參數也不盡相同，或許負離子還不是最關鍵，只是讓價格水漲船高的推手之一。

如果要證明負離子縮短了多少時間，最科學的方法，便是將吹風機的負離子產生器移除掉，用一模一樣的手法、在一模一樣的環境下吹頭髮。不過對業者來說，這也許是一個相當冒險的實驗，要是吹乾時間相去不遠，「負離子」可能就此跌落神壇，所以市面上似乎還看不到同款吹風機做出搭載與不搭載負離子的版本，也許就是這個原因吧？

不過，要產生負離子的手段還不只有透過摩擦或通電來達成，只要觀察琳瑯滿目市售的負離子商品，相信不難看到**負離子水壺、負離子床墊、負離子涼被⋯⋯負離子如此百搭，彷彿食衣住行都可以 feat. 負離子**。但這些日用品可沒有藏著一隻「皮卡丘」，偷偷幫你放電來聚集電子，其中的奧祕，

便是在這些商品的製造過程中，摻入所謂的**「負離子粉」**。

　　負離子粉其實也不是什麼神祕的黑科技，而是摻入了一些具有放射性的成分在裡面，在之後的章節我們會談到輻射線，現在你只要知道，這股能量足以讓空氣裡的電子短暫的脫逃，產生正、負離子。但這類的負離子產品就不得不小心看待，因為這類輻射線能量較高的產品，如果是設計為長時間穿戴，就必須**當心是否輻射劑量過高，如劑量越高，長久下來對人體造成傷害的風險也就越高**。

　　說到這裡，我想你一定能明白，不管我們用哪種手段製造出所謂的「負離子」，本質上就只是帶有電子的空氣。然而，如果你追求的是療效，目前在醫學上還沒有明確且一致的證據支持負離子對人體有益處。

　　因此想要購入負離子的商品來求個心安的同時，最重要的還是留意產品是否符合安全規範，否則讓來路不明的商品傷了身，還賠了荷包裡的辛苦錢，這個嘔氣的心理傷害也許比生理上的傷害還來得顯著吧！

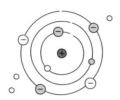

例外！唯一不含中子的原子 —— 氫原子

雖然我們說原子都是由電子、質子、中子所構成，不過在 118 種原子當中，氫原子是唯一沒有中子的原子，而是整個原子只由 1 個質子及 1 個電子構成，非常特別。氫原子容易被原子幼稚園裡個性比較惡霸的原子搶劫（像是前文提到的氟、氯原子），而失去 1 個電子，進而變成氫離子。

真是可憐的氫原子啊……

第 2 章

小小原子核的巨大能量

—— 從「核反應」、「核能發電」
到「輻射線」

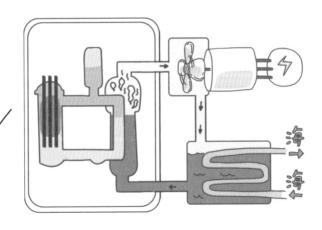

每年一到夏天，因為耗電量大的緣故，「能源議題」就會成為眾人熱烈討論的話題。本章將為你介紹，在我們的生活中到底有哪些發電的方式？為什麼核反應如此特別，和所有其他的化學反應不同？利用原子核發電的原理是什麼？以及我們相當關心的，核廢料究竟是怎麼處理的？

01

所以我說，
那個電要怎麼發呢？

　　在現實生活中，我們可能有一百萬種用電的方法，但發電的手段卻寥寥無幾。這樣看來，**難道「發電」是一項相當高深的技術嗎？**

　　其實不然。有沒有看過一種**不使用電池的手電筒**？裡頭裝著金屬線圈，藉由轉動手把，伴隨著唰唰的聲響，用力猛搖幾下，燈泡就隨之點亮——這就是發電機的雛形！在轉動金屬線圈的過程當中，透過所謂的**「電磁感應」**（這是一個能量轉換的過程，能夠將磁力轉換成電力），燈泡因此能夠亮起來，這也就是手搖手電筒可以發光的原因。

　　常見的發電機是設計一根向外延伸的轉軸，讓轉軸與線圈連動，只要透過外力轉動它，發電機組就能產生電能。

市售的手搖發電機。

我們不難發現，其實「發電」最困難、最高深的，並不是製作發電機本身，而是

我們有哪些方法可以讓轉軸動起來？

現在，讓我們來腦力激盪一下。俗話說「靠自己最好」，既然手電筒都手搖了，那麼用人力、動物力來轉，應該是不錯的選擇吧？是不是個好選擇我們慢點再說，但這也許是最日常、最親切的方法了。騎過 Ubike 都知道，車前燈是找不到開關的，這並不是設計者故意讓你在黑暗中摸黑前進，而是車前燈能在騎乘時自動被點亮，靠的就是**使用者在騎乘單**

車的過程中，輪軸不斷地轉動，以帶動發電裝置，進而製造電力。

這樣的發電方式乍看之下相當簡單，但要應用在日常生活中的發電，就會變得非常沒有效率。首先，人類的體力有極限，輪軸不轉動就沒有電，人家說生命該浪費在美好的事物上，你一定不會希望為了點亮燈光，把人生大半輩子都拿來踩腳踏板吧？再說，如果你有注意過 Ubike 的車頭燈，燈光往往在車輪停下來不久便隨之熄滅，可見能產生的電力相當有限。也就是說，如果想要單純踩腳踏板就想維持一整個家庭看電視、上網、微波爐加熱、洗衣機運轉的用電，甚至是工業用電，只能說想法很豐滿、現實很骨感。而且當你累得半死的同時，大概再也沒有心思去上網，唯一的念頭，大概只有洗個熱水澡睡個大頭覺吧。

既然如此，人們就把念頭動到外在的世界，借用**大自然的力量**如何呢？請試著回憶一下，如果你到過高美濕地，或者彰濱海灘時，海風之大，是不是經常把出門前精心整理好的頭髮吹得亂七八糟？風更大一點的話，甚至覺得只要在人身上綁個風箏，彷彿可以飛上天。這時，只要朝四周環顧，就可以看到附近好幾架矗立的**「白色大風扇」**，這就是所謂的**風力發電**。人們利用這裡強大的風力推動轉軸，帶動發電機組，讓自然之力為我們發電。

除了以風力帶動運轉之外，**水力發電**也是用相同的概念。

藉由風力推動轉軸，帶動發電機組的風力發電機。

藉由水往低處流的原理，讓水流動的過程來帶動發電機的扇葉。要完成這項任務，龐大的水流量是在所難免的，因此水力發電的機電設備跟水庫結合在一起也就是件合情合理的事了，例如中國的三峽大壩與美國的胡佛水壩。

藉由自然的力量發電固然環保，但由於是取之於自然，便得**看天吃飯**。我們僅能盡量在選址的時候找到相對適合的地點來發電，卻難保一年四季風調雨順，因此即便是水力發電，也可能面臨枯水期的窘境。

然而，在全球科技蓬勃發展的大環境下，能源的穩定供給絕對是支撐這一切的基本要素，若要依賴老天爺賞飯吃，

透過水往低處流，帶動發電機扇葉的水力發電機。

總是得擔心下一餐還在不在，因此比起自然力發電，人們還是喜歡操之在我的感覺。

話說回來，

台灣現今發電的來源是什麼，各位不妨猜猜看？

根據台大風險社會與政策研究中心於 2018 年 12 月論壇當中所示的調查結果，有 44％的受訪民眾認為，台灣的發電主力是「核能」，然而事實上，在經濟部能源局的「能源統計月報」中，我們可以發現，核能於近 5 年的發電結構只

有占約 10 ％，靠燃燒煤炭或天然氣的火力發電反而才是主流，占了約 80 ％。即便放眼世界，**火力發電依舊是支撐現今電力網絡的重要棟樑。**

既然如此，為什麼我們要這麼在意核能發電，這個**「核」**指的是什麼？

水力發電真的環保嗎？

隨著時間過去，人們漸漸察覺到水力發電並不是那麼環保，水壩設立後所帶來的上升水位，不僅摧毀了動物原有的棲息地，此外也讓水庫底部呈現缺氧的環境，在此環境下，當動植物死亡並分解後，將會產生大量的甲烷，而甲烷正是被視為加劇全球暖化的兇手之一。

所以並不是天然的就最好啊……

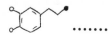

02
一支獨秀的核反應

　　還記得我們在第 1 章提到的原子結構嗎？那時，我們說質子和中子位居在原子的中心，質量相當重，幾乎是整個原子的重量，又稱作原子核；而電子則在原子核周遭的特定區域自由活動。

　　因此我們除了說「原子是由電子、質子與中子所構成的」，也可以說「**原子是由原子核與電子所構成的**」。所以，如果有人問你：

核反應中的「核」到底是指什麼呢？
答案當然就是「原子核」。

　　那麼，**核能發電又是怎麼一回事？**

　　按照之前的說法，世界萬物都是由原子所構成，既然原子核到處都是，是不是我身體裡的原子核也正在核能發電，那弄不好，人也可能會……天啊！

　　但先別太擔心，想要理解這些，我們先從「核反應」開始聊起吧！

　　很多歐美災難片，或以核能潛艇為背景的電影裡，經常會出現**「核反應」**這個名詞。事實上，這不僅是一個化學名詞，這也代表人類對科學的認識與發展來到了一個新的里程碑，對物質的變化有更深一層的理解。

　　兩百年前，人類對於世界上的變化，基本區分為兩種：一種是**「物理反應」**，另一種則是**「化學反應」**。這兩者之間區分的方式相當直覺，當一件事物經過變化後，沒有新的物質產生，屬於物理反應，例如水結成冰、把冰磚做成綿綿冰。反過來說，如果變化之後有產生新物質，則被歸類在化學反應中，例如燃燒（產生煙或灰燼）啦、食物發臭發酸（產生不悅的氣味）啦、鐵釘生鏽（產生鐵鏽）等等，兩百年前的人們，對於世間變化的觀點就是這麼簡單。

　　但核反應卻如橫空出世，跳脫了這兩大分類的框架。也因為它如此特別且不易被察覺，直到近一百年間才被科學家所發現。那麼，到底是什麼**特點**讓它如此與眾不同呢？

　　如前所述，原子是構成萬物的基本要素。構成不同的物質的原子種類、數目也有所不同。而化學反應之所以可以產生新物質，是因為在化學反應的過程中，原子會重新排列組合，就像樂高積木一樣，一開始有可能是架直升機，但經過打散重組，就變成了小汽車。

從前的科學家們認為，原子是沒有辦法被創造或被毀滅的，但在核反應過程中，**科學家利用小粒子（譬如中子或氦的原子核）加速射向其他原子核，因應不同的目標原子核，反應模式也不盡相同**。有時候，小粒子會與原子核**融合**在一起，有的反而可能把原子核裡面少部分的質子、中子給**撞出來**！這兩種模式都會導致原子核內的質子數目有所增減。

我們在前面曾經提到，每一種原子都具備獨有的質子數目，也就是說，如果質子數目發生改變，就等於變化成不同的原子。更進一步說，當質子的數目改變，原本的原子就被消滅，新的原子則被製造出來，在這消滅與製造的過程中，時常伴隨著**輻射線**的產生。這種變化即便最後生成新的物質，但也同時伴隨著原子的誕生與毀滅，所以無法歸屬在物理或化學反應的範疇，而是彷彿一支獨秀般的存在。

核反應的反應模式之一──核分裂。

03

核能發電的本質
就是燒開水

　　除了反應模式很特別以外，核反應的另一個特徵，就是能**瞬間釋放令人聞之喪膽的巨大能量！**

　　讀過歷史都知道，二次世界大戰的最後，因為原子彈的研發成功和驚人的威力，將戰爭徹底終結。這是因為作為燃料的鈾原子核在受到中子撞擊後，會噴出 3 個中子，這 3 個中子會又分別撞擊其他 3 個鈾原子核，如此反覆、不斷循環，連鎖反應不停傳遞，所製造出來的撞擊不僅迅速，威力更與社會新聞中看到的瓦斯氣爆完全不同等級。

　　回歸發電的主題，

我們究竟該如何利用這股巨大的能量來發電呢？

核反應的能量是不可能直接轉換成電力的，所以科學家先將

這股力量用來做一件日常生活中每天都在發生、再平常不過的事情——**燒開水**。他們**先把核反應所產生的熱，將水蒸發變成水蒸氣，再讓水蒸氣透過渦輪，帶動發電機的轉軸，於是產生了電。**

儘管原子彈威力如此強大，但其實你不用擔心如果哪天核電廠突然爆炸，會「轟」的一下剷平方圓 1 公里內的建築，因為**核能發電並不是拿原子彈作為燃料使用**。根據國際原子能協會的說明，要作為殺傷性武器，原子彈裡的核燃料必須要有90%以上的有效成分，但核能發電僅需要約3%就夠了，所以就算是史上最嚴重的幾個核災都和核爆扯不上半點關係，但並不代表核能發電沒有隱憂。

2011 年 3 月 11 日，日本發生東北大地震，嚴重的地震間接導致**福島核電廠冷卻機組失靈，大量輻射性物質外洩，**

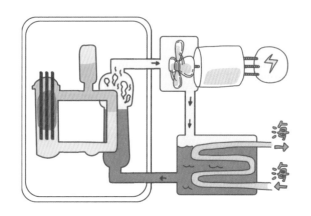

核能發電的原理。

在「國際核事件分級表」中，被評為最嚴重的核災（1 到 7 級當中，被評為第 7 級）。嚴重超標的輻射指數，影響著人體健康與環境。福島電廠周遭的輻射指數至今仍非常高，而震災後雖然日本政府多年「除汙」，但並沒有真正消除輻射汙染。事故發生後，外洩的放射性物質，隨著風吹往海邊與內陸，經過降雨或降水，擴散並沉積在城市、鄉村、山林、原野的土壤中，形成了擴散性的汙染。這場災害或許能帶給同樣身為地震帶的台灣人民很深的警惕。

而核能電廠除了有外洩問題的隱憂之外，另一個時常被拿出來爭論不休的議題，就是**核廢料**。為什麼核廢料會這麼具有爭議性呢？既然稱為「廢料」，不就像是喝完飲料後的空罐一樣，只要回收處理就好了嗎？

不不不，情況沒有這麼簡單。別忘了，剛剛提到，在核反應的過程，會伴隨產生輻射線，但即使核反應結束了，留存下來的東西，無論是沒有反應完全的原料，或是經歷核反應後生成的新原子，大多都不太安定。即便沒有中子撞擊，但仍有可能會自行分裂，產生出新的原子，在科學上稱這種情況為「**衰變**」。

衰變的過程，往往也會伴隨著產生更多輻射，這些輻射經常對環境、人體造成不良的影響，像是癌症或畸胎的發生率提高等等，這就是為什麼核廢料的處理令人頭疼的原因。

04

「愛你一萬年」
也處理不完的核廢料

　　以前追女生的時候，男生總是說一些老派、熟悉又令人難以相信的綿綿情話，例如「愛你一萬年」啊、「海枯石爛」啊、「天荒地老」啊！聽久了總令人覺得哪裡怪怪的。但身為一位化學人，我想**真正的「撩妹金句」應該是：「我對妳的愛，就像核廢料的隔絕年限，它隔絕多久，我就愛妳多久！」**

　　在台灣，核廢料分為兩類，分別是**高階與低階的核廢料**。高階是指核電廠使用完畢的燃料棒，必須先進行 3 ～ 5 年的降溫，然後移到地表隔絕之處，至少存放 40 年，最後必須隔離人類的生活圈（一般是深埋地底）**大約 20 萬年**。20 萬年是怎樣的概念？從此刻往前推算 20 萬年，正是人類的老祖先處於猿猴、黑猩猩進化到智人的階段，是不是遙遠到超過你我的想像？但這也正說明了處理核廢料的過程到底有多

麼漫長。

　　至於低階核廢料，指的是像醫院或核電廠等受到輻射汙染的防護用具、設備。通常集中處理後會**焚燒、壓縮、固化**，然後放入貯存桶內，最後送往貯存場靜置。但這些低階核廢料不用深埋地底 20 萬年，「只要」經過數百年時間，就可以降到安全的輻射量，但即便是低階核廢料，數百年的存放時間早已超越人類對時間軸的理解，也足以讓人頭疼至極。

　　不管怎樣說，除了阻絕核廢料的輻射外洩是一大難題，而到底要把這些東西放到哪裡去「涼」個 20 萬年，更是令人傷透腦筋。

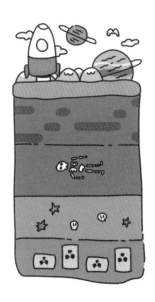

高階核廢料須隔絕地表最長達 20 萬年。

　　以台灣來說，低階核廢料早期都存放在蘭嶼的貯存場，但隨著廢料產量增加，蘭嶼的存放空間已經於 1996 年耗盡，即便到了今天，由於存放場址與民意一直無法達成平衡，無論是高階、低階核廢料仍無法找到適合位置，目前都由 3 座核電廠與核能研究所自行吸收。

化學
小教室

等到天荒地老的半衰期

　　「半衰期」是在核能科學裡非常常見的名詞，新聞裡也時常提到。由於不同原子核衰變的速率都不一樣，為了能進行客觀描述，一般都是以半衰期作為衡量標準，意思就是「物質濃度下降到原有濃度一半時所需要的時間」。

　　以原子彈的主角「鈾 -235」來說，半衰期長達 7 億年。也就是說，得經過 7 億年這麼漫長的時間，鈾 -235 的含量才衰變一半。但別忘了還有下個一半、下下個一半⋯⋯

真的是無止盡的等待⋯⋯

05

低鈉鹽的輻射
會讓人變成生化戰士嗎？

　　到底輻射有多麼可怕呢？媒體經常把輻射的危險誇張渲染，令人人心惶惶。但其實在我們的生活中，輻射無所不在（像是太陽光、環境中的宇宙射線），但只要保持在安全的輻射曝露量範圍內，其實並不需要過於擔心。關於輻射，請記得一個觀念：

沒有最安全的物質，只有最安全的劑量。

　　2020 年 5 月，台灣爆出了一則相當聳動的新聞：**低鈉健康鹽其實是輻射鹽！**這立刻勾起了民眾心中長期被食安風暴籠罩的恐懼，許多家庭主婦立刻向廠商要求退貨。**但低鈉鹽真的有那麼恐怖嗎？**

　　要想正確的理解這則新聞，我們必須釐清一個最關鍵的問題：**低鈉鹽是不是真的有超量的輻射？**

　　首先，低鈉鹽絕對有輻射線，而且我還可以告訴你，這輻射的來源，名叫「**鉀-40**」。到底誰是鉀-40呢？鉀不就是鉀嗎，後面的數字是怎麼回事？要回答這個問題，我們先回一趟原子幼稚園，靠著質子名牌來辨認一下這位鉀-40究竟是哪位小朋友。

　　前面說過，質子的數目決定了這個原子該叫什麼名字。但科學家也發現，原來同一種原子不一定都長得一模模一樣樣，竟然跟人一樣，也有胖子與瘦子的差別。

　　於是問題來了。請先想像一下，一個幼幼班上，有 3 個「陳怡君」小朋友都背對著你。

現在，在不能靠近她們的前提下，
你該用什麼方法，讓你想找的那位「陳怡君」轉過頭來？

　　來看看科學家可能會怎麼做吧！雖然說這樣說不免有點刻板印象，但是從某個角度來說，科學家都是些神經很大條的鋼鐵直男，做事非常直接，所以你也別把方法想得太困難。科學家們在這件事情上採取的分辨辦法是，在喊了「陳怡君」的名字之後，為了不讓她們 3 人一起轉過頭來，緊接著又補了一句：「**20 公斤的那個！**」雖然直白到讓人白眼直翻，但不得不說，確實不失為一個明快的好辦法。

　　於是，科學家在稱呼原子的時候，也用了相同的方式，以我們這次的主角「鉀」為例子，「**鉀-40**」代表這個鉀的

質子、中子數目總和有「40個」。如同我們前面提到，光是質子和中子幾乎就代表整個原子的重量，所以我們也時常以這兩個粒子的數目總和作為重量的代表。除了鉀-40，它還有其他兄弟，譬如**輕一點的**「鉀-39」和最胖的「鉀-41」。

而鉀的「體重」，不僅表示它的重量，其實還隱藏著**其他祕密**。

不知道你有沒有發現，「鉀 -39」、「鉀 -40」、「鉀 -41」因為都叫做「鉀」，所以質子數一定都相同，也因此唯一不同的只可能是**中子的個數**！可別小看中子數對於原子的影響，正是因為這種看似微小的差異，所以「鉀 -40」才會帶有輻射，而與其他兄弟眾不同（順帶一提，「鈾 -235」的胖胖兄弟「鈾 -238」是沒有辦法作為原子彈燃料的）。

質子數相同，但中子數不同的「鉀」兄弟們。

等等，如果低鈉鹽含有帶輻射的「鉀 -40」，那應該立刻把廚房的低鈉鹽統統丟掉嗎？

其實不用太擔心啦。還記得上面講過「沒有最安全的物質，只有最安全的劑量」嗎？雖然在食用低鈉鹽的時候，你會同時把「鉀 -39」、「鉀 -40」、「鉀 -41」三兄弟全吃下肚，不過你得知道一件事情，這些鉀兄弟們在大自然中的成份比例差距很大，以低鈉鹽為例，「鉀 -39」、「鉀 -41」這兩個不含輻射、很安全的成分，就占了將近 100%，真正帶有輻射的「鉀 -40」僅有 0.015%，它的劑量之低，如果不靠新聞出來刷刷存在感，恐怕還真沒有人注意到低鈉鹽裡有它的存在……

如果這樣說還不足以安心，那我就揭穿事實真相告訴你，香蕉、番薯、地瓜葉這一類食材，都富含鉀，意思就是，其實你一天到晚都在攝取「鉀 -40」，但因為**劑量非常低**，簡直可以忽略不計。

台灣原能會也指出，即使人連吃一年市面上最高輻射量的低鈉鹽，所承受的輻射劑量，也僅相當於搭飛機往返台北和紐約的宇宙輻射而已。所以，我們實在不需要因為天花亂墜的新聞而感到過度恐慌囉！

我們從發電講到輻射，或許你不難發現這些科學原理都在你沒注意到的時候悄悄豐富了我們的生活。為了滿足人類

日益膨脹的科技發展需求，我們不斷地提升電力供給，雖說火力發電絕對是功不可沒，但作為一把雙面刃，燃燒煤炭而造成的空汙問題值得我們警惕，即便是核能發電，也有輻射汙染的問題。因此，各國都在思考如何在維繫產能的前提下，逐步提高環保能源的比例。

　　就把這個難題交給科學家吧！作為日常用電者的我們，不一定能想出很厲害的發電點子，但**你我卻都一定具備了「省電」的魔法**，當大家一起施展時，無形中省下來的電量，就能抵過好幾座發電廠的產能。雖說「團結力量大」講起來一股老人味都飄出來，但以落實節電的角度來看，實在是不能再更同意更多了。

第 3 章

你的半糖不是她的半糖

—— 揭開「濃度」的祕密

所有國中生共同的回憶〈雅量〉一文，文中有個很經典的段落提到，同樣一塊格子布料，有人認為就只是布料、有人認為像棋盤，更有人認為像綠豆糕。其實在日常生活中，我們對「濃度」的體驗也是一樣，總是見仁見智，憑一種「感覺」。但如果今天是進行科學上的討論，就必須透過客觀的「數字」來表達濃度，不能只依賴味覺、視覺、嗅覺、觸覺這種主觀的感受。

01

濃度數字化 評斷更客觀

「好熱喔！」夏日炎炎，幸福的台灣人不管走到哪都有各式各樣的手搖飲料店，於是飲料雷達開啟——前方 500 公尺目標發現！你走到可愛的店員面前，點了一杯多多綠。

「冰塊？甜度呢？」她問。

「呃⋯⋯冰塊 5 顆⋯⋯糖的話，就一點點，啊！不然跟妳一樣甜好了，呵呵。」

眼見店員的眼白面積增加，事態不對，於是你趕緊解釋，「開玩笑的啦，半糖少冰，謝謝！」

很多外國遊客來到台灣，都覺得手搖飲料店超級厲害，居然還有甜度和冰塊量表，可以「客製化」各種甜度與冰塊量，避免客人描述半天拿到一杯喝不下口的飲料。

　　但即便如此，有可能當你啜飲一口多多綠時，仍不禁眉頭一皺，喊出一聲「味道不對呀」！沒錯，即便都是多多綠，但不同店家設定的「半糖少冰」卻有甜度或濃淡上的差異，喝起來的感覺當然也截然不同。

　　這就是我們在依賴感覺進行度量時，經常會出現的問題。**雖然戴愛玲說感覺很重要，但「感覺」是很不可靠的東西，**因為每個人都有不同的生活經驗，即使面對相同事物，也會有不同的感受。

　　因此，把濃度「數字化」，對我們的生活來說非常重要。有多重要呢？在平日生活中，有好多好多例子可以凸顯「數字化」對我們的重要性。例如，幾乎家家必備的漂白水，透過適當稀釋後，可以成為生活中便利的殺菌劑，但到底要加多少水來稀釋，就必須仰賴濃度數字化的**精確性**。因為漂白水本身是相當強力的氧化劑，如果稀釋不足，對人或動物會造成傷害，但如果稀釋過度，又可能失去消毒殺菌的功用。

　　農夫施肥時，也得依循規定好的劑量與水量來操作，如果調配過濃，不但作物無法順利吸收養分，甚至有可能造成植物枯萎。

　　你發現了嗎？以上這些例子統統無法依賴**「我認為」**、**「我覺得」**、**「看起來」**來達成，而必須透過數學計算與實際量測來進行，這也說明了濃度數字化的重要。

　　在我們更深入了解濃度的定義之前，我想先請你設身處地想一下，倘若晚餐桌上有兩碗湯，一碗死鹹死鹹，鹹到想要去洗腎，而另外一碗清清淡淡到簡直就跟白開水一樣，如果讓你描述、評論這兩碗湯的鹹度時，你會用什麼措詞呢？

　　對於那碗死鹹死鹹的湯，你可能會說「加太多鹽巴」或者「水放太少」；而對清淡如白開水的那碗，你可能會說「鹽放得太少了」或者「水加太多，所以沒味道」。

　　注意喔！這 4 個回答都具有濃度的概念，而描述濃度的精髓，便是能同時描述鹽和水之間的**「比例」**。因為一碗湯的鹹淡味道，不只是因為鹽多鹽少，還得看在燉煮時放了多少水進去。

　　這就像分期付款買手機的感覺一樣。一支兩、三萬塊的手機，當你分 12 期付款的時候，雖然花錢總量一樣多，但被時間「稀釋」後，每個月只要繳個兩、三千元，付錢的痛苦就被淡化了，聽不見錢從錢包裡流出去的聲音。但相反的，如果你選擇一次付清，看著一大疊鈔票從錢包裡消失，那種「痛感」可是非常「掏心挖肺」，甚至會有痛不欲生的感覺。退一步回到濃度來看，鹽巴就像手機的價格，水分就像時間，即便最終結果是吃下相同的鹽量，然而整碗湯的濃淡，仍舊取決於被稀釋的程度而定。

　　因此，**如果想比較兩碗湯裡的鹽分濃度高低，我們不能單單比較鹽巴的多寡，必須以相同體積，或者相同重量為基**

準，再比較湯裡面到底含有多少鹽巴。例如同樣是 100 毫升的湯裡面，左碗鹽巴含量為 1 克，右碗鹽巴含量有 2 克……在這種敘述下，我們就可以客觀判定右碗的鹽含量較高，味道也比較鹹。

濃度數字化影響生活例子還有很多，像是在三五好友聚會的場合，不免要小酌幾杯。多數人覺得啤酒是親民的飲料，而對烈酒則敬謝不敏，這正是由於酒精濃度在作祟。要如何判斷酒精濃度多寡呢？稍微觀察一下酒瓶，你可以在瓶身的敘述上發現「酒精濃度」的標示，而且通常在這個標示底下，可以看到一個清楚的濃度單位：**「度」**。

一般啤酒的酒精濃度約為 5 度，
也就是 100 毫升的啤酒裡有 5 毫升的酒精。

「度」是什麼意思呢？

　　台灣「酒類標示管理辦法」第 6 條有明確定義，就是指「每 100 毫升飲料酒中含酒精之毫升數」也稱作「體積百分濃度」。有時候，你會看到它被寫作「%」。舉例來說，5 度（5%）的酒代表「100 毫升的酒裡面，含有 5 毫升的酒精」。所以度數越高的酒類，酒精濃度也越高，喝起來更容易醉。

　　通常啤酒的酒精濃度大約是 5 度，而我們普遍認定的烈酒——高粱酒大約是 58 度。這就是濃度數字化後所帶來的準確性。因為數字是客觀的，只要標示為 5 度的啤酒，無論是哪一家廠牌製造，酒精濃度都是一樣。這也就是說，不可能發生你喝某一家賣的啤酒千杯不醉，但喝其他家的啤酒一杯就倒。

02

一個濃度，各自表述

　　濃度的表達方式不只一種，以酒類為例，國外有些廠牌甚至會使用少見的**「重量百分濃度」**標示，也就是「**每 100 公克酒類中所含酒精之克數**」。只是在日常生活中，多數家庭都有標有容量的杯子，卻很少準備秤重的電子秤，而且，體積是可以被視覺化的，很容易讓人們判讀，所以通常我們會挑選一個最適當、也最容易理解的方式來表達酒類濃度。

　　不過話說回來，體積百分濃度的計算方式在其他領域未必這麼好用，畢竟不是所有被溶解的物質都是液體，如果是先前我們提過的湯中鹽量，因為食鹽是固體粉末，量測體積就不那麼方便而直覺了，在這種場合──甚至是科學上的計量──反而是以「重量」為依據還來得可靠許多。

　　另外，**不同種類的液體混在一起時，體積不一定會有「加成性」**，例如，1 毫升的水和 1 毫升的酒精混在一起後，體積以為是 2 毫升嗎？不！其實比兩毫升還要小！

　　所以體積百分濃度只適用於少數幾個領域，例如標示酒類的濃度。其他你可能比較少注意到的，像是**生理食鹽水所使用的濃度單位也是與眾不同，通常會使用每 100「毫升」食鹽水所含有的食鹽「克數」**。由此可知，濃度的表達並不限於一個死板板的單位，而是端看使用者當下認為最相關的方式表達溶液裡的物質比例而已。

　　然而，每當新聞報導蔬菜水果的農藥超標，或是哪個地方土壤重金屬過量的時候，那些檢測報告裡所標示的濃度單位，與上述的「度」或「%」截然不同。仔細一看可發現，通常這些檢驗報告使用的單位是「PPM」，有的時候還可能

以「重量百分濃度」標示的生理食鹽水。

出現「PPB」，這些又是什麼呢？

如同剛才提到，每一種單位都有它適用的時機。由於農藥、重金屬可能會造成人體永久性的傷害，因此對於殘留量的要求相當嚴格，允許的濃度相當低。而在這麼低的濃度下，如果液體沒有顏色直接擺在人的眼前，還真的跟白開水沒有兩樣（這也就是為什麼很多有害物質常常在神不知鬼不覺的情況吃下肚），必須靠精密儀器才能檢測出來。從結論往前推，我們可以確知：

PPM、PPB 都是用來描述「極少量」的濃度單位。

是的，PPM 是一串英文字的縮寫，全稱叫作 Parts Per Million，也就是「**百萬分率**」的意思，**每 1ppm 即代表 100 萬分之一**（PPM 與 ppm 是相同意思，但作為單位表示時，應以英文小寫表示）。雖說 PPM 乍看下只是一個數字單位，沒有特別指重量或者體積比，然而一般來說，在不特別註明的場合下，都是指重量比。

舉例來說，如果哪家飲料店的茶葉被檢驗出含有 50ppm 的某農藥，就代表在每 100 萬克的茶葉裡面，有 50 克的農藥。

不過在大氣科學裡，氣體是那樣的輕盈，想對氣體進行秤重絕對吃力不討好。這個時候「體積比」就顯得方便許多。例如今天二氧化碳濃度是 400ppm，就代表每 100 萬毫升的空氣，就含有 400 毫升的二氧化碳（有的時候你甚至可以看

到他們用「ppmv」來表達，那個「v」就是「體積」的意思）。

　　PPM 的理解是不是有些複雜？沒關係，你可以將它視為與我們熟悉的百分率「％」類似的單位，這兩者都是「幾分之一」的概念，差別在於在「％」代表「100 分之一」，而ppm 則是「100 萬分之一」。因此這兩個單位可以相互換算，1% 相當於 10000 ppm。不過要留意：**如果一開始表達的是「重量比」，換算之後也依然是「重量比」而不是「體積比」喔！**

茶葉的農藥殘留量或二氧化碳含量，
都是用「極少量」的濃度單位來標示。

1+1 不一定等於 2

　　1 克的水加上 1 克的酒精混合後,毫無疑問一定是 2 克,但是 1 毫升的水加上 1 毫升的酒精,卻小於 2 毫升,這是由於水與酒精相遇之後產生更強的吸引力所導致。相對的,有些分子之間混合後會相互排斥,混合後總體積反而增加,像是苯與醋酸混合。在科學上,我們常會說液體不具「體積加成性」來描述混合後總體積與原體積不相等的情況。

那愛情具有加成性嗎?

03

肉眼的閱讀限制，
創造出不同的濃度單位

那麼，為什麼我們既然已經有了百分率，還要大費周章發明一個 PPM 呢？這一切其實源自於人類的肉眼在數字閱讀上的限制。

來做一個小實驗吧！

**下頁提供幾組數字，
請在看過後的 2 秒鐘內，
答出每列數字有幾個零？**

這個小實驗並不是要訓練你眼力多好，而是希望讓你感覺到，對於大多數人來說，要想在極短的時間去判讀多位數的數字，是一件很困難的事情。以人類的習慣來說，我們比較習慣閱讀 1 ～ 1000，或小數點以下最多 3 位數的數字（例如 0.123），超過這些數字，人在第一時間的辨讀就會有困

難，也容易犯錯。

因此 PPM 便應運而生。只要事先記得 PPM 是百萬分之一，你就不用每一次都數小數點到眼睛脫窗了。例如 0.000006 就等同 6 ppm，無論書寫與表達都很易懂又簡潔。

如果你覺得 PPM 還不夠小，別擔心，既然有閱讀和辨識的需求，就一定會有人想辦法解決。我們還有 PPB，表示「**十億分率**」。還想要更小的標示嗎？還有一個更更更小的單位——PPT，定義是「**兆分率**」。

從一開始到現在，相信單位已經多到讓人眼花撩亂，但我們還是要不斷強調，使用單位的時候，並沒有強制一定要用哪一個，只要記得這些單位都是為了閱讀方便而創造的。**只要方便閱讀與理解，就是適合使用的單位。**

04

「零檢出」
只是個美麗的神話

　　話說回來，PPM 與 PPB 這麼稀薄的濃度，到底是怎麼被檢測出來的？這就端賴今日的高科技了。在實驗室裡，許多精密的儀器可以協助人們確認不同物質的稀薄濃度。但你有沒有發現，在日常生活中，許多食品業者經常委託第三方認證的實驗室進行農藥或重金屬殘留的相關檢測。這些廠商的食品，經常以「未檢出」作為對消費者飲食安全的保證。

　　2020 年，台灣宣布 2021 年正式對美國開放豬肉進口，為了爭論檢驗瘦肉精的殘留量標準，我們會看到另外一種叫做「**零檢出**」的詞彙。

　　零檢出與未檢出，看起來好像是相同的意思，但為什麼會有兩種截然不同的稱呼呢？難道其實兩者並不一樣？它們的差別又在哪裡呢？

在回答這個問題之前，首先必須先定義什麼叫做「檢出」？

有「檢出」，難道還有「檢不出」嗎？

是的。雖然科技日新月異，「第三方認證實驗室」這樣的頭銜聽起來很有公信力，但科技再好也是有極限的，檢測儀器再「給力」，也有力有未逮的時候。只要物質低於某一個濃度，儀器就沒辦法準確判定是否真的含有。

我們可以假想這些**檢測儀器就像個機器人，而且是一個視力優於常人的機器人，可以代替我們看到許多渺小世界的事物，但畢竟只要是觀察，就一定會有極限**，這就像是人的眼睛一樣，無論視力再好的人都沒有辦法看到細菌，這些「機器人」頂多是代替你看到更微小的事物，一旦濃度低到一個門檻，還是只能依賴解析度更好的「機器人」，直到小到不能再小，我們就完全偵測不到。

所以如果你有機會看到食品業者所展示的檢測報告，就會發現在每一個檢測項目裡面，都一定會附加**「方法檢測極限」**。這就是表示該項物質可以被檢出的最低濃度，如果不加上這項資訊，就算是所有項目都未檢出，也不是一份讓人信服的檢測報告。

因此，假使一項檢測報告的「方法檢測極限」是 2ppm，當報告結果表示「未檢出」時，意思不是完全沒有該物質，

而是**只能說：這個物質濃度可能低於 2ppm**。要是我們再次拿人的肉眼比喻，就好像是雖然你看不見細菌，但我們無法確知細菌是否存在。

也因此，當任何儀器都有檢測極限的情況下，不可能有任何一家檢測機構敢提供「零檢出」的服務。換言之，這個世界上沒有任何一台儀器可以保證「檢測樣品中完全不含有某項物質」。

不過，隨著科技和技術的進步，或許我們能夠將檢測極限越降越低。但行文至此，我們可以稍微討論一下，已經可以將檢測做到如此精密的人類，**繼續一味追求「零檢出」，真的有其必要性嗎？**

任何儀器都有檢測的極限。

在其他領域我們不敢肯定，但就食安的角度來說，時至今日，許多物質我們都已經得知有其安全的攝入標準，這也呼應到我們所說「沒有最安全的物質，只有最安全的劑量」。只要每日攝取不要過量，對人體都不至於產生影響。因此，雖說檢測極限能夠越來越低，人們可以觀察到更微小的濃度，但就算被人們觀察到，人體的耐受度也不會因此而有所增減。

雖說眼不見為淨，若危害物的濃度越低，消費者一定能更安心，但是如果順從消費者的壓力、無限上綱地追求零檢出，這代表執法者不但給予消費者不正確的濃度觀念，追求過程中所消耗的時間、人力、物力等都是潛在的社會成本。

再說，由於「零檢出」是不可能的任務，追到了一個里程碑，還有下一個，還有下下一個⋯⋯最終只會形成一個惡性循環，不會有結束的一天。因此，無論是農藥殘留或重金屬含量的檢測，與其一味追求「零檢出」，反而保證含量在安全劑量內，並要求消費者在烹煮、食用前適當清潔還相對實際得多。

從半糖少冰的多多綠、湯的鹹淡、酒精含量到食品安全檢測報告，我們講了好多與濃度有關的概念。其實在你我的生活中，濃度無所不在，只是我們太習慣於它的存在而沒有自覺。

事實上，濃度的高低不只對人類的味覺造成影響，還有

許多有趣的生活自然現象，都與濃度有關，譬如，你聽過「等滲透壓飲料」嗎？為什麼海水會越喝越渴呢？下一章，我們將揭開更多偷偷躲藏在你身邊的那些化學祕密！

**化學
小教室**

安全劑量的重要性

　　安全劑量有多重要？雖然我們總說柔情似水，但「水能載舟亦能覆舟」，維持生命不可或缺的水分，看似安全無毒，但在短時間內攝取過量水分，利尿不及，可是會造成血液中的鈉離子濃度下降，進而造成頭暈、嘔吐，重症者甚至有死亡的風險，稱之為「水中毒」。這也是為什麼醫生並不會建議民眾毫無節制喝水的原因。

沒事多喝水，但多喝水可能有事

第 4 章

水分子的滲透任務

—— 關於「半透膜」與「滲透壓」

我有一個凡事愛嘮叨的媽媽，她因為太關心我的健康，所以顯得很嘮叨，只要一看到網路健康文章、聽到電視裡營養師的建議，就會對我耳提面命：「多吃蔬菜！」「不要一天到晚在電腦前面坐著，起來走動走動！」「不許再買手搖飲料了，渴了就喝水，喝水最健康，懂不懂？」其實她也沒說錯，水占了人體 60％～ 70％的重量，不僅幫助身體新陳代謝，還有調節體溫等各種好處，尤其人體的血液中 9 成都是水分，水喝得太少，健康就會出問題。本章就來談談跟「水」有關的事。

01

半透膜
是一道 VIP 管制門

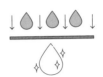

　　水這種東西非常有意思，雖然地球上 71% 的面積都是水，但對許多國家而言，卻有著水資源匱乏的困擾。為什麼會這樣呢？只要稍有地科知識的人都知道：儘管地球有這麼大片的水，但其中 **97% 是海水**。更殘酷的是，僅剩的 **3% 淡水**，絕大部分卻都儲存在難以利用的冰山和地底深處，**只有 0.03% 的淡水儲存在地表的河流與湖泊**。

　　海水又鹹又苦，不經過特殊淡化處理，人是沒有辦法飲用海水解渴的。許多船難倖存者劫後餘生，回憶在茫茫大海上等待救援的過程中，總會提起海水無法飲用的慘狀。但是

為什麼人不能飲用海水，還越喝越渴呢？

　　這必須先從海水的成分說起。夏日炎炎，相信大家或多或少都曾去過海邊戲水，也難免有吃到海水的經驗。海水吃

地表雖然 71% 是水，但 97% 是海水，只有 3% 的淡水。

起來的味道實在不太美妙，鹹鹹苦苦，這是因為海水中溶有相當多的**「氯化鈉」**、**「氯化鎂」**。

乍聽氯化鈉，還以為它是什麼特殊的化學成分，其實，這東西在每個家庭中唾手可得，它就是燒菜燉湯時，添加在食物中、增添滋味的**「食鹽」主成分**。海水裡充滿了氯化鈉，味道自然就鹹了。而海水苦味的主要來源，則是源於另外一種成分「氯化鎂」。

除此以外，海水中還含有很多很多的礦物質。也就是說，相較於淡水，海水裡溶入了不少東西——統稱為**「鹽分」**的物質。在海水中鹽分的濃度比起一般飲用水高出許多，大約 3.5%，乍聽起來不怎麼樣，然而對人體來說，如此濃度的海

水對人體來說已經過高，不但不能補充水分，飲用後，反而很容易導致人體脫水，就像是在蛞蝓身上灑鹽巴，導致蛞蝓縮水變小一樣。

但為什麼鹽分濃度過高的海水，會導致人體脫水呢？這就得先從人體補充水分的方式開始說起。

回憶一下，當你渴的時候，拿起一瓶水往嘴裡灌，水咕嚕咕嚕地從嘴巴、喉嚨、食道、胃一路向下，最後來到了腸道。從人體生物學的角度來說，那些入口的水分，主要就是在腸道被吸收。而關鍵就在這裡了！人的腸道之所以能夠吸收水分，不是因為它長得像海綿一樣有很多細小的孔洞去儲存水分，而是透過所謂「擴散作用」，將水吸收起來。

人體之所以能夠採用擴散作用吸收、儲存水分或養分，主要是因為與組成人體的最小單位 —— 細胞有關。細胞雖小，但組成卻不簡單。它以細胞核為核心，外側充塞了許多細胞質，像是核醣體、粒線體等等，最後再由最外層的細胞膜所包覆。**細胞膜的存在，保護了細胞的完整性。**

但對細胞來說，細胞膜可不是像塑膠袋一樣密封包覆細胞。比起阻絕一切，它更像是一道特殊的閘門。你可以想像，如果細胞是一間限定 VIP 會員進入的超高級俱樂部，**細胞膜就是俱樂部的大門，它只允許持有 VIP 會員的特定分子進出細胞，而水分子就是 VIP 會員之一**，其他物質像鹽巴、糖分或是一些比較大型的分子，通通被拒之於細胞的大門外。

只允許特定分子進出的半透膜。

　　這種只能容許部分分子通過，不是完全隔絕的機制，**科學語彙上稱之為「半透膜」**。但正是因為這種特殊的半透膜機制，讓我們發現一個很特殊的現象：當不同濃度的水溶液被半透膜分隔開時，水分居然會從低濃度向高濃度方向移動，直到一定的程度後，才會停止。

02

半透膜的
生活小實驗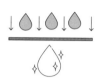

　　要怎麼觀察半透膜的神奇作用呢？有一個很生活化的例子可以完美說明這個變化。

　　許多中醫、食療或古早的生活智慧中都提到，**當人乾咳不止時，可以飲用白蘿蔔蜂蜜水，以減輕咳嗽。**

　　做法很簡單，只要將生的白蘿蔔切成小塊放進碗裡，再倒入純蜂蜜淹過的白蘿蔔，然後把裝著蘿蔔和蜜的碗蓋起，丟進冰箱裡等上半天到一天後再取出，神奇的事情就發生了！你會發現，碗裡的白蘿蔔居然脫了水，變得皺皺小小的，而蘿蔔外的蜂蜜卻不像先前那樣濃稠，而是稀稀水水的，混合了蘿蔔水，喝起來甘甜甘甜，還帶著一股白蘿蔔的氣味。

　　蘿蔔之所以能釋出水分，主要原因就是因為半透膜機制。

　　別忘了，純蜂蜜是相當濃稠的，而白蘿蔔裡充滿水分，

它的濃度沒蜂蜜那麼高，於是在半透膜機制的作用下，蘿蔔拚命釋出它豐富的水分，而蜂蜜水就這麼做成了。

同樣運用此原理製作的食品，還有我們常吃的**泡菜**。無論是台式泡菜、韓國泡菜，製作中除了蔬菜、辣椒、辛香料等調味品之外，還有為了延長泡菜的保存期限所必須的鹽巴。製作泡菜的過程中，人們為了將蔬菜中的水分給徹底逼出來，會撒下大量鹽巴。等到新鮮蔬菜排掉多餘水分之後，才裹上魚露、辣椒粉等混合而成的醃料，如此一來，蔬菜才能徹底吸收醃料的味道，在低溫中慢慢發酵。

當你明白了上述的 2 個例子，就很容易理解，人喝下海水後會發生怎樣的變化！此時，鹽分濃度很高的海水，就像是蜂蜜，而人體的細胞就像是可憐的白蘿蔔，一碰上海水，在半透膜機制作用下，身體細胞內儲存的水分就被釋放出來，混入海水之中，而人也就陷入脫水狀態了。

但反過來講，當我們飲用淡水時，因為淡水的濃度比體液還要低，這時水分往細胞內移動，補充了人體流失的水分，解除了口乾舌燥的狀態。

除了蘿蔔蜂蜜水的實驗以外，如果你有機會能去傳統市場購物，可以買豬小腸的腸衣回家做一個進階的版本：

1. 剪下 3 小段腸衣，每段大約 1 個拇指長，把一端綁緊。

2. 準備 1 杯稀糖水。

3. 將稀糖水倒入 3 個腸衣中，充飽，讓它脹成小小的糖水袋，最後再將腸衣另一端綁死。

4. 將 3 個胖胖飽飽的糖水袋，分別浸入濃糖水、清水及剛剛用剩的稀糖水中，放置半小時後再回來觀察。

5. 檢驗濃糖水組、清水組和稀糖水組的變化。

　　回憶一下先前我們講述的半透膜機制：**水分會從低濃度往高濃度流動**。腸衣裡面的稀糖水就像是人體的體液，當糖水袋泡在濃糖水時，就像人喝海水一樣，水分不斷向外流失，到最後，糖水袋中的水都流了出來，原本胖胖飽飽的糖水袋，

透過浸在不同溶液裡的腸衣袋，觀察不同濃度所導致的脹縮變化。

變得比原先來的乾癟。

　　浸置在稀糖水的腸衣糖水袋，因為腸衣內外的糖水都是相同濃度，因此從外觀上看不出來有什麼變化。

　　最後一個清水組中浸泡的腸衣糖水袋，就像是人喝白開水一樣，水分滲透進小腸中，糖水袋變得比原本還要大。

化學小教室

為什麼腸衣實驗要一次做 3 組？

　　在上述的腸衣實驗當中，我們依據浸入的糖水濃淡分為 3 個組別，不知道你是否有想過，為什麼需要這麼多的組別呢？如果要觀察脹縮，不是做濃糖水跟清水共 2 組就好了嗎？這是為了強調腸衣袋的脹縮就是因為袋內袋外的糖水濃度差異所導致的，我們會保留稀糖水那組作為對照之用，科學上稱之為「對照組」。

　　但是要注意喔！以本實驗來說，除了浸泡糖水的濃度可以調整外，其他的因素像是水溫、腸衣種類都不能與對照組有所差異，否則一次調整的變數太多，就算最後我們依然得出理想中的結果，也沒辦法很果斷地說腸衣袋的脹縮就是濃度所導致的，科學講究的是有幾分證據說幾分話。

科學要大膽假設，小心求證

03

運動飲料的 滲透壓原理

那麼，我們已經知道在半透膜的機制下，水分會從低濃度往高濃度的地方流去，雖然大自然的法則如此，不過今天我們叛逆一點，

**想要對抗「大自然」的話，
有沒有辦法阻止水分往高濃度方向流動呢？**

這就像是小孩與大人比腕力，一看就是場不公平的比賽，還記得以前幼稚園跟同學嗆聲時，一言不合就烙下「我叫我爸來」、「我叫我哥來」這類的狠話，小孩子眼看贏不了大人的天生神力，只能開外掛作弊！**要改變水分流向的方法其實也和「烙人」的原理有點像**，既然我們說水會往高濃度方向流動，好像一股水流，那麼，是不是只要幫忙高濃度那邊一把，給予足夠的壓力，就能阻止水分往高濃度的一端流動？

　　確實如此！而且我們發現，要是半透膜兩側的濃度相差越大，水分就更傾向往高濃度方向流動，也就需要更大的壓力來與之抗衡。這股「增援」的壓力有一個專有名詞，在運動飲料廣告中非常常見，就是**「滲透壓」**。而且不僅如此，當增援的壓力大過滲透壓的時候，還可以逆轉水流方向，改流往低濃度的那一方！

　　聊到運動飲料的同時，必須順帶提及滲透壓是有原因的，由於運動飲料主打的是解渴與補充電解質，因此飲料的滲透壓就很重要，以免解渴不成，還越喝越渴像在喝海水一樣。不過整體來說，飲料中的電解質或者糖分濃度越高，滲透壓也就越高。在網路文章、廣告商的描繪之下，運動飲料也因此經常依據滲透壓的不同，被分類為：「等滲透壓」、「低滲透壓」與「高滲透壓」3 種等級來探討，等級的分類是相對於人體血液滲透壓來定義：

等滲透壓：和人體血液相近。
低滲透壓：比人體血液低。
高滲透壓：比人體血液高。

　　如果你購買市面上這 3 種滲透壓的運動飲料來比較，會發現高滲透壓的運動飲料口味特別重，這是因為高滲透壓運動飲料是為了補充劇烈運動後，人體大量消耗的熱量及流失的電解質（像是鈉、鉀離子）、糖分而製造。所以平常沒有

能對抗水流方向的滲透壓。

運動的情況下，渴的時候還是補充白開水，不必一定要喝運動飲料，避免身體過度吸收電解質或糖分，反而造成腎臟與健康的負擔。

生活中與滲透壓相關的例子可不只有運動飲料。你有沒有去醫院打過點滴的經驗？有沒有想過，**點滴袋裡裝的液體究竟是什麼？**

一般情況下，點滴袋裡裝的不是純水，而是生理食鹽水或是葡萄糖水。它們身負重責大任──必須維持點滴的滲透壓與血液相似。這是因為，如果點滴袋裡裝的是清水，按照半透膜理論，水分將從低濃度往高濃度方向移動，乍看之下好像很補水，但紅血球會因此越脹越大、越脹越大……最後

弄不好紅血球脹破，那可就出大事了！

　　懂點化學真的很有用對吧？把滲透壓的概念弄懂不僅可以幫自己增添點健康概念，還可以幫助自己吃到好吃的甜點喔！冬天的紅豆湯、夏天的綠豆湯，可以說是最傳統而家常的甜點美食了。但如果你看烹飪節目的教學，會發現大廚煮湯時，先煮熟或悶熟豆子，最後再倒入砂糖。

　　為什麼砂糖總是要在最後階段才倒入？這是因為如果先放糖，湯水濃度太高，於是水很難煮進豆子裡，於是雖然花了很多瓦斯煮上老半天，吃起來的口感，好像豆子沒有煮透，不容易軟爛。

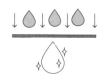

04

用半透膜來產出
乾淨的飲用水吧！

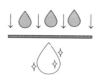

　　事實上，半透膜的種類不只有一種，依據種類的不同，能夠持有 VIP 證的對象也不相同。舉例來說，在細胞膜的管制之下，**氧氣、二氧化碳能夠享有 VIP 待遇自由進出**；然而**在燃料電池所應用的半透膜，反而是被拒於門外的**。也因為每種半透膜的選擇性不盡相同，我們會依據需求，應用在不同的領域之中。

　　水分可以流通的半透膜可說是日常應用當中最普遍的一種了，**水分不僅能在半透膜的兩側自由進出，還可以把大型的粒子隔絕在外**。還記得我們說，在半透膜的分隔下，水分會自發地從低濃度往高濃度流動，但我們可以在高濃度的一端加壓，當壓力足夠大的時候，水分還能逆流回到低濃度的那端。仔細一想，加壓後回流的水由於經過半透膜的「把關」，較大型的分子、粒子都無法穿過，水質是不是應該相

當純淨呢？

答案是肯定的，而且，依據這種特性製造的商品，在大賣場或百貨公司中都能見到，那就是生活中極常見的濾水裝置：**RO 逆滲透淨水機**。

逆滲透系統的基本構造就是一組半透膜（當然，不是用豬腸衣做的）以及加壓馬達。馬達發動時，產生壓力，把原水推過半透膜過濾，於是就得到了乾淨的水了。

好的逆滲透濾水機過濾得很仔細，把水中的雜質，甚至農藥、病菌等等都過濾掉了，得到相當乾淨的水質。所以逆滲透過濾水和在第 1 章中提到的鹼性離子水不太一樣，逆滲透過濾水中的離子含量極低，也不具酸鹼性。

然而，儘管逆滲透系統能提供相當潔淨的水質，但它也有一個非常大的缺點：**排放廢水**。

空氣濾淨器之所以能淨化空氣，是因為機器裡裝設了能夠過濾空氣的濾網，每當使用一段時間後，濾網上就覆蓋了一片厚厚的塵埃或毛髮。同理，當原水在高濃度的那端通過半透膜過濾時，由於允許通過的粒子種類很少，許許多多的雜質便會卡在高濃度的那端過不去，而且正因為水分被不斷流往低濃度那側，高濃度的原水只有越來越濃的趨勢（你也可以說越來越髒）。所以經過半透膜過濾完之後留下來的雜質，除了得連同廢水排掉外，還必須使用大量清水清洗半透

膜，才不至於影響水質，雖然各個淨水機的規格不大一致，不過每**產出 1 公升的飲用水，就必須大約耗費 3 公升的廢水。**

　　為了延長半透膜的壽命，一般的逆滲透系統中還會搭配大孔徑的濾網及活性碳等裝置來吸附、過濾體積較大的雜質，以降低半透膜的負擔。但即使已經有了多重防護，這些廢水依然是省不得的，如果想要省下來，就得犧牲半透膜的壽命來換取，否則半透膜一旦堵塞，就得壽終正寢換一個新的，代價也不小。

RO 逆滲透淨水機把原水推過半透膜加以過濾，於是得到乾淨的水。

05
國家級的逆滲透

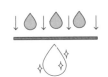

現在回想一下，本章開頭時我曾說過，地表上有 71％ 的面積都被水覆蓋，雖然絕大多數都是海水，人們無法直接生飲，但因為海水幾乎取之不盡、用之不竭，許多科學家都在思考：

如果能把海水中的鹽分除去、純化，
能不能做成人類可以接受的水體呢？

海水純化不是天方夜譚，而是全球各濱海國家都正在努力研究、進行的大工程。今天，處理海水純化的主流，就是利用 RO 逆滲透處理法，透過逆滲透把氯化鈉、氯化鎂等等雜質過濾掉，取得淡水。

根據 2017 年水利署的統計資料，**台灣有 22 座的海水淡化廠，其中有 18 座採用逆滲透系統**。而世界各國中，最著名的海水淡化成功的案例，是在以色列 —— 以色列被稱為沙

漠中的小巨人，曾是世界上最乾燥的國家之一，國土有 2 ／ 3 是沙漠，全年僅有 30 天降雨，以色列身處困境，周遭又是阿拉伯諸國虎視眈眈，必須自立自強。所以以國的用水，超過 3 成以上都來自淡化後的海水，甚至供過於求。

　　不過，就像前面說到的，只要是過濾，就會產生廢水，如同我們提到的，半透膜會將很多的雜質、鹽分隔絕在原本海水的那端，我們只要依據剛剛的邏輯再稍微推敲一下就知道，當清水從海水裡頭單離出來之後，海水的鹽分濃度只會越來越高，這樣子高濃度的鹽水，我們又稱作**「鹵水」**。而國家級的大量過濾，產生的是國家級的大量鹵水。這些高濃度鹽分的鹵水通常會排回大海，但要是沒有經過妥善的處理，由於鹽分過高、溶氧量低，容易衝擊排放區域的海洋生態，甚至有可能**導致海洋生物窒息**。

　　為了避免直接排放鹵水對環境造成重大的影響，濾水廠必須事先做良好的鹵水處理程序。以澎湖近期新建的海水淡化廠為例，在排放之前，會先抽取出海水預先稀釋鹵水，讓排放出去的鹵水鹽度與海水接近，對於生態的影響也能減至最低。

　　現在你知道了，日常生活中我們走進超商就能買到的礦泉水、打開水龍頭就能流出的自來水，取得如此不易！與很多水資源不足的國家相比，每天早上我們能嘩啦啦地用水洗臉刷牙，大口大口喝水，享受著乾淨水源，實在非常幸福。

　　開源與節流是保持水資源的兩個重要環節，比起開源，節流更可貴，畢竟像淡化海水這樣的開源手段，某種程度來說，還是有可能破壞自然生態，但節流卻是在你我日常生活中，輕而易舉就可以做到的。

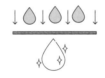

第 5 章

拒當「酸民」？

——從酸鹼體質理解生活中的「酸鹼值」

在第 1 章，我曾教大家兩種激怒化學系學生的方法，一是問對方：「你們化學系應該滿會做炸彈齁？」另一個是跟他說：「我家的洗碗精不含任何化學成分！」但除此以外，還有一句必殺技，那就是：「這麼容易被蚊子咬，你應該有酸性體質吧？」

　　酸性體質，在報章雜誌、廣告宣傳中總能見到它的蹤影，甚至還有人提倡鹼性飲食、少吃肉類、飲用鹼性水等方式，說這樣能避免酸性體質、遠離血液酸化……聽起來，酸性體質好像真有其事，但本章回到科學角度來解析：為什麼說了那句必殺技，你的化學系的朋友會這麼生氣？

01

酸鹼勢力的
化學大戰

　　在日常生活中，酸與鹼可說無所不在。煮菜時，加入讓人食指大動、口水直流的食醋就是酸性的；在烘焙麵包餅乾時，會用到的小蘇打粉就是鹼性的。廚房裡、清潔時，簡直無處不見它們的蹤跡。

　　那麼，在科學裡，又怎麼去看待酸鹼的？在化學人的眼中——

酸鹼其實就像是兩股黑幫勢力經常發生的角力戰。

　　其中「氫離子」代表的是酸性陣營，「氫氧根離子」則是鹼性陣營。這兩個水火不容的勢力，互動就像幫派在自己的地盤插旗一樣，人多勢眾的時候，就將地盤占為己有。

　　當溶液裡面的**氫離子數目比較多的時候**，我們就稱之為**酸性，反之，氫氧根離子比較多的時候則是鹼性**，至於雙方

人數一樣多的時候，地盤不為任何一方所有，化學上我們稱作中性。

　　在電視或者電影中，經常看到黑幫火拚，一步不讓的火爆場面吧？酸與鹼兩大勢力相遇的時候也是如此，氫離子會與氫氧根離子一同壯烈犧牲，生成水分子，並同時產生大量的熱能，這正是我們所耳熟能詳的——**酸鹼中和**。雖然我們並不建議在任何場合輕易嘗試，不過如果同時將洗廁所的常客——鹽酸，還有通水管的大師——氫氧化鈉兩者相混的時候，放出的熱量可是有機會讓水瞬間沸騰。而且噴濺而出的強酸強鹼若沾附到皮膚上，不僅僅是高溫導致灼傷而已，其化學性的腐蝕也不是鬧著玩的。

酸與鹼相遇時，有如兩股黑幫勢力的角力戰。

化學
小教室

說好一起組團的氫與氧。

氫氧根離子，到底是氫離子還是氧離子？

　　在前面談原子時，我們曾提到，只要電子與質子數目不相等的時候，就會被稱作離子，但對於初學者來說，乍聽「氫氧根離子」時，難免懷疑這東西是在講氫離子還是氧離子？

　　離子不一定只由 1 種元素所構成，也可以由好幾個元素一起「組團」。「根」這個字，就是「組團」的概念，代表構成離子的成員不只 1 種。以氫氧根離子為例，團員就是一氫一氧，而且為了形成氫氧根離子，氧原子會從別人的原子身上抓走 1 個電子，此時氫與氧的電子數總和比起質子還要多 1 個，才會被分類為「離子」。

單飛會不會比較紅？

02
爭論不休的
檸檬酸鹼性

　　要是你覺得只是想看酸鹼中和，就要如此冒險犯難，那麼我推薦一個方案，看看溫和一點的酸鹼中和——趕緊去藥房買**維他命 C 發泡錠**吧！把發泡錠丟進水裡面時，會「啵啵啵」地連續瘋狂冒泡，好像把汽水倒進杯中一樣！當我們檢視維他命 C 發泡錠的產品成分時，可以發現裡頭除了俗稱**小蘇打**的**碳酸氫鈉**，還會摻入**檸檬酸**——這是個會釋放氫離子的酸性物質。小蘇打是弱鹼性物質，在遇到氫離子的時候，除了酸鹼中和產生的水之外，還會釋放出二氧化碳，這就是你所看到的發泡錠遇水產生的氣泡啦。

　　日常生活中，含有酸性物質的蔬菜水果很多很多，你第一個想到會是什麼呢？不是梅子，就是檸檬，對吧？檸檬之所以嘗起來酸溜溜的，並不單純是因為富含維他命 C 的緣故，最主要還因為檸檬富含我們剛剛提到的「檸檬酸」。

　　在化學實驗中，我們會發現，一個檸檬酸的分子，最多可以一口氣釋放三個氫離子，甚至如果到化工行去買酸鹼指示劑來做實驗，會發現檸檬根本就是個酸性食品。但這就奇怪了，怎麼好像曾在哪裡聽過「檸檬是鹼性食品」這種說法？甚至還有人特地買檸檬泡水，天天喝，希望能夠改善所謂「酸性體質」……

所以，到底檸檬是酸性還是鹼性呢？

　　如果去搜尋引擎鍵入「檸檬酸」、「鹼性」，你可以發現這個主題底下不知道有多少篇文章討論。檸檬酸鹼的爭論，起源於「酸性體質」理論對於食物酸鹼性有著與化學人截然不同的定義。

　　事實上，**在營養學的探討當中，檸檬還真的是常被歸類在「鹼性」的陣營**，原因是因為，營養學探討一項食物的酸鹼並不單純看食物本身的酸鹼性，而是希望可以知道在人體消化吸收之後所代謝的物質究竟是酸性還是鹼性，因此在早期——甚至是網路上講述有關酸性體質的文章，常常會提到透過「燃燒」來模擬人體消化的過程，食物燒成灰後，會再將灰粉溶進水裡去判定酸鹼性。

　　的確，如果這麼實驗下去，我們會發現，蔬菜水果因為富含金屬離子，在高溫燒成灰後的產物，投入水中，水溶液會變成鹼性。就像農夫在收割後燃燒稻草所得到的草木灰

（草本植物燃燒後的產物），其中富含鹼性的碳酸鉀可以作為肥料的來源。而肉類含有大量硫、氮這一類非金屬的元素，燃燒過後留下來的物質則讓水溶液呈現酸性。

　　移至今日，雖說以燃燒法來判斷食物酸鹼早已為人詬病（畢竟消化的過程非常複雜，豈是一個燃燒可以簡單帶過），不過在醫學上，確實蔬菜水果吃多的人，其尿液會比吃肉的人們來的還要鹼一點，我們的主角 —— 檸檬當然也屬於蔬菜水果的行列，因此這時候被歸類在鹼性食物好像就一點也不奇怪了。

　　但即使飲食會影響尿液酸鹼，能夠代表血液的酸鹼值就會受到影響嗎？甚至是⋯⋯**體質？**

檸檬是酸性還是鹼性？

03
飲食真能改變
人體的酸鹼性嗎？

　　在鹼性飲食的理論中，有些是沒有答案的疑惑。譬如說，所謂酸鹼性體質，到底是指身體哪一個部位的酸鹼性，是皮膚？還是血液？因為光只有講「體質」兩個字，實在很難囊括人體的全部運作機制，或者講白了，它只是一個「概念」，因此沒有一個主張酸鹼體質派的人可以明確回答你哪個部位的酸鹼值「走鐘」了。

　　酵素在人體內扮演著舉足輕重的角色，如果沒有酵素的幫忙，下肚之後的米飯、肉類就很難在短時間內化成小分子讓你吸收。酵素能夠讓實驗室裡面需要費好一番功夫加熱、耐心等待才能完成的化學反應輕鬆地在你體內秒速完成。打個比方來說，同樣是台北到高雄，在人家堵在高速公路上當停車場的時候，你卻搭著高鐵急速奔馳捷足先登。為了確保這些酵素能夠正常運作，不同的人體部位就會有不同的酸鹼度。

舉例來說，在口腔中，**唾液屬於弱酸性，所以 pH 值大約在 6.5**。

接著當我們把食物吃下，落入胃袋，胃會分泌胃酸去消化食物。**胃酸是低濃度的鹽酸，雖然濃度低，但酸性極強，pH 值大約為 1.5 到 3.5 之間。** 這也是為什麼，胃酸過多的患者常常感覺到胃部有灼熱感。

下一關的腸道緊接著會分泌胰液、膽汁、腸液來中和胃酸的酸性，所以**腸道的 pH 值大約為 8.5**，呈弱鹼性。

除此之外，好多市面販售的沐浴乳、洗面乳，都會主推「弱酸性」的產品以貼近人體皮膚的環境。由此可知，健康人體皮膚的角質層是弱酸性，pH 值大約在 5.5 左右，如果硬要維持在弱鹼性，反而會壞了人體的自我防衛機制。

講到這邊，你慢慢可以理解了，

所謂的酸性體質、鹼性體質，
都是假議題，
人體從頭到尾就不是同一個酸鹼值啊！

而且為了不同的器官、酵素正常運作，還得必須維持在一定的酸鹼值內。國內新聞報導指出，不少民眾為了養顏美容、改善體質，每日飲用檸檬水，長期下來卻導致胃痛、甚至胃潰瘍送醫。雖然檸檬確實有許多對人體有益的物質，但

人體不同部位的概略酸鹼度。

是檸檬原汁的 pH 值大約在 2 ～ 3 之間，即便經過稀釋之後不具有那麼強的酸性，其中的檸檬酸仍會刺激胃酸分泌，長期飲用對於腸胃功能不好的人來說，依然是相當大的負擔。

　　鹼性飲食的支持者除了希望透過飲食來改變人體酸鹼值，還希望透過鹼性飲食，避免血液酸化。但這實在是太瞎操心了！健康人體的血液，其實是會自我調整的，一個健康者的血液平時會維持在弱鹼性的狀態，pH 值大約是 7.4 左右，以維持人體正常的運作。為了保持這個酸鹼值，避免受到食物、環境的影響而改變，血液本身有著常定酸鹼性的機制，也別忘記我們的腎臟，它也可以藉由排出過多的酸、鹼，來幫忙協助穩定血液的酸鹼值。除此之外，呼吸作用也一樣有調節血液酸鹼值的功用。既然有這麼多的機制努力幫你維持血液酸鹼，人類還要操心所吃下肚的食物到底是酸性還是鹼性，實在是太過度了，因為那對於血液的影響實在非常非

常非常小。

　　事實上，要是血液長期維持在酸性，人根本就不健康了，不是那種「容易被蚊子叮咬」、「容易感冒」的小問題，而是嚴重的身體不適。造成血液會變酸的原因有很多，但無論如何，那都已經代表血液的酸鹼緩衝機制已經失調，容易伴隨嘔吐、腹瀉，重則可能不幸喪命。

化學小教室

什麼是 pH 值？

　　在化學中，為了讓酸鹼值的表示更加明確，避免你的酸性不是我的酸性，我們會像濃度一樣，透過客觀的數字來表達，這個數值就是你時常看到的「pH 值」。

　　通常 pH 值都會落在 0 ～ 14 的區間，一般酸性與鹼性的分界點是 pH=7，如果比 7 還小，代表酸性，數字越小越酸，連結到我們先前講的，就是氫離子的濃度越高。所以啦，這就是為什麼有時候當你在逛社群網站，看到網友們在留言區發表酸溜溜的言論時，底下會出現有人說：「樓上 pH 值超低！」這代表他酸度破表啦！相反的，比 7 還大就是鹼性，數字越大越鹼，氫氧根離子的濃度也就越高。

讀者的 pH 值超高！

04

浮誇的視覺系飲料 ——蝶豆花

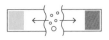

　　透過人們對酸性體質的誤解，給了我們一個很大的啟示：溝通必須建立在對等的資訊面上。雖然多吃蔬菜水果是好事情，但卻使用了錯誤的科學觀念，導致加深雙方的誤會與造成錯誤資訊的傳播，最後反而讓身體更接近危險！然而直到今天，仍然有許多主打著調整酸性體質的食品在市面上流通，更不用說像是鹼性離子水那種荒謬的產品。很多時候，商人牟利，會故意利用大眾對於科普知識的謬誤，加速傳播錯誤的觀念，反而使得正確的醫學常識難以推動，這實在不是一件好事。

　　不過，如果酸鹼概念能被好好利用，也可能會產生令人眼睛一亮的意外驚喜。近年來很夯的一種視覺系飲料——**蝶豆花**，就是靠著酸鹼性的差異，風靡了許多消費者。

　　自然界中，有許多的物質會因為隨著外在環境酸鹼性的

不同，而改變自身化學結構，別看這一點點的小改變，或許人在睡覺翻個身、換個姿勢，看起來沒什麼特別，但在小分子的世界裡面，光是結構小小的改變，肉眼接收到的顏色就有可能完全不一樣。在化學實驗室裡面，最常見的實例就是**酸鹼指示劑**了。學生時代，你一定用過**石蕊試紙**吧？**石蕊在酸性時會呈現紅色，但在鹼性時則是呈現藍色**。這種顏色上的差異，讓我們能夠在不依靠儀器的情況下，簡單判斷未知物質的酸鹼性。

大自然中也有許多蔬菜水果藏有酸鹼指示功能的色素，像是蝶豆花裡富含的花青素，在酸性的時候，會呈現相當夢幻、讓網美再怎麼冷都要來一杯打卡拍照的紫色。所以你知道這個祕密之後，也可以在家裡嘗試當個一日網美，只要買

石蕊試紙可檢測物質的酸鹼性。

一點蝶豆花，先用熱水浸泡，把裡面的花青素給溶出來，呈現美麗的深藍色。

把蝶豆花放涼之後，拿一個玻璃杯，在杯底擠一些檸檬汁，怕酸可以加點蜂蜜。接著，再將冰塊加到滿杯（**冰塊很重要！是分層成功與否的關鍵！**）。最後慢慢地、輕輕地將蝶豆花倒入，就能得到一杯藍紫色漸層的美麗飲料啦！

不只蝶豆花，許多植物的汁液也有類似的功用，例如紫色高麗菜的色素在鹼性的時候呈現黃色，但在酸性的時候則呈現紅色；朱槿花的色素在鹼性時是綠色，但換到酸性時卻變成是紅色。其他還有像是桑葚汁、葡萄汁等等……都有類似的作用（如果果汁顏色太深很難看出變化，就稀釋一下吧！）。

在介紹過酸鹼值後，你是不是對於人體的奧妙感到嘖嘖稱奇呢？在化學人看來，**人體就像是一座神奇的化學工廠**，要想好好讓這座大工廠發揮完整機能，必須透過許多不同的營養素來幫忙。即便是人稱「酸性食物」的肉類食物，也含有人體所必需的胺基酸、蛋白質等營養素，這些都是一個健康的人必須攝取、不可或缺的。

學好化學，不僅僅是讓你更懂得自然界如何運作，還能讓身體更健康。最重要的是，現在你終於知道化學人們的雷點，能夠感同身受他們憤怒之所在啦！

化學小教室

同樣是酸鹼中和，
為什麼維他命 C 發泡錠就很無害？

　　雖然酸鹼中和會產生大量的熱，但維他命 C 發泡錠碰到水之後，並不會啵啵啵地一面冒泡，一面變成一杯滾燙的維他命 C。這是因為發熱量的多寡，除了要看發熱的根本 —— 氫離子和氫氧根離子反應的數量，還要看酸鹼本身是屬於強還是弱。

　　所以只有強酸強鹼混合的場合才需要擔心生命安全，弱酸弱鹼就不會有這樣的特性（否則煮飯的時候，光是加個醋酸就可能會給你不少驚喜），而維他命 C 發泡錠當然也是在弱酸弱鹼的範疇。而在此所提到的維他命 C、檸檬酸、醋酸等弱酸對於人體來說都是可以短暫承受的酸性物質，不像鹽酸、硫酸那樣有強烈的腐蝕性，所以可以放心食用。

最恐怖的其實是炒菜時被油彈到

第6章

討厭你，但不能沒有你

——「氧氣」與你我的愛恨情仇

我們都聽過「真金不怕火煉」這句話，用來比喻真材實料的人不怕受到外在嚴峻環境的考驗。但為什麼這句話只有真金能夠獨享？而不是真鐵、真鋁、真銀呢？難道其他金屬就怕火煉嗎？會不會跟熔點有關？本章就來談談燃燒，以及讓物質燃燒最重要的因素——氧氣。

01

真金不怕火煉，難道是錯的？

所謂**熔化，是物質透過加熱從固體變成液體的現象，而熔點是指物質熔化過程中的溫度範圍。**

金的熔點約為攝氏 1000 度，雖然這溫度已經足以把我們所處的世界變成一片焦土，但在金屬元素的世界之中，要是我們把熔點高低作為輩分來看，金還只是小弟等級，只能為其他大哥遞茶搧風。

以白熾燈泡常見的材料——「鎢」來說，鎢是熔點最高的元素，高達攝氏 3400 度（難怪能夠扛下發光發熱的重任）。所以……古人難道都錯了嗎？難道我們應該提醒國文老師，改成「真鎢不怕火煉」呢？（順帶一提，因為熔化與熱有關，所以應該是用火字旁的「熔」，而不是融或溶喔。）

原來，真金不怕火煉的背後，是在說：

金子不論如何以火焰加熱，
永遠不會生鏽或變質，
可以保有原本金光閃閃的樣子。

生鏽對很多金屬來說並不是罕見的事，尤其在高溫的時候，比起低溫環境更易促進鏽斑生成。以常見的鐵來說，只要放在溫熱潮濕的環境下，很快會長出鐵鏽。又或者把一塊錢銅板放在浴室裡，如果浴室比較潮濕，過沒幾天就會長出綠色的鏽斑。你在電視或影片中，看過象徵美國的自由女神像嗎？那是一尊大銅像，所以一開始也並不是現在的顏色，而是由銅色、粉紅色、深棕色一路變成現在的綠色呢！這其中的奧祕，除了水氣，還在於維繫我們生命的關鍵——**氧氣**。

化學小教室

熔點不一定是「點」

笑點，由於那個「點」字，聽起來很像是一個人對於笑話的臨界點，只要過了這個門檻之後，那個人就會不爭氣地發笑。但是熔點常常不是一個臨界「點」，反而是一個溫度範圍。但一般來說，當不同的物質彼此相混的時候，熔點的範圍往往都會變得比純的物質還要寬得多（純物質熔點範圍一般都在攝氏2度以內）。

熔點不是點，七星潭不是潭

02
不用隔絕氧氣的 防鏽法

　　我們知道空氣中富含氧氣，大約占了 20％的體積，氧氣可是個調皮的頭痛人物，先前在原子幼稚園中有提到過，每個原子都有不同的個性，也許相似或相異，有的脾氣暴躁，喜歡奪取別人的電子，而氧原子就是屬於這樣的例子。

　　在日常生活中，氧原子不會單獨存在，而是成雙成對靠在一起，我們稱作「氧分子」。氧分子的化學性質，比起氧原子時安定，但依舊蠢蠢欲動，看到比較弱小的對象，就會想要把人家的電子給搶過來。

在化學上，我們會說被搶走電子的可憐鬼 被「氧化」了。

　　一提到氧化，人們很容易將腐朽、破壞等等負面形容詞與之聯想在一起。的確，人類與氧氣長期以來一直保持亦友

亦敵的關係，一方面是延續生命的必需品，另一方面，也努力避免或降低氧氣對周遭事物造成的傷害。舉例來說，剛才提到的「生鏽」就是相當具有腐朽意象且具代表性的例子，在充足氧氣與水氣的環境下，鐵器總是容易產生紅色的鏽斑。為了抗鏽，人們在鐵器外層鍍上其他金屬，或者塗油漆，就像是給鐵器一個防護罩，用以抵抗氧氣、水氣的侵蝕。舉例來說，我們時常會在鐵器表層鍍上一層鋅，也就是俗稱的**「白鐵」**。

作為鐵的防護罩，想必**「鋅」**一定是個能有效抵抗氧氣的金屬吧？然而，相對於鐵來說，鋅這個元素反而不善於保存電子而容易被氧化。如果換種好聽的說法來說就是：「鋅這種元素非常樂善好施。」每當有氧氣靠過來的時候，鋅就像請朋友吃飯搶著付帳一樣，大大方方主動把電子給讓了出去，於是鋅立刻被氧化了。

說來也奇妙，這種防鏽機制選擇不與氧氣硬碰硬，反而運用了鋅更容易氧化的特性來求全鐵器的健全。而且正因為鋅這種樂善好施的精神，鐵器都好像是帶一個「金主」出門，只要鋅沒有完全氧化的情況下，氧氣都找不了鐵器的麻煩。

更厲害的還不只於此，就算白鐵不慎受到外力敲擊，產生傷口造成鐵器外露，鋅還是能負責傳遞電子，讓鐵能夠免於屈服氧氣的淫威之下。這也就是所謂的**「陰極保護法」**，也就是**犧牲更容易被氧化的元素來保護鐵器**。

　　要是我們說鍍鋅是一種犧牲奉獻，那麼鍍錫就是一種銅牆鐵壁的防鏽手段！相較於鋅，錫的確就是一個強壯的保鑣，就像老鷹抓小雞遊戲當中，那隻老練保護小雞的母雞。由於錫的活性比鐵還要小，面對氧氣的騷擾時，能夠確實掌握手中的電子而不易生鏽，站在第一線守衛鐵器。

　　在日常生活裡，鍍錫的鐵器俗稱**馬口鐵**，時常被廣泛應用在罐頭中。然而，一旦馬口鐵碰傷而導致鐵器外露時，結局跟鍍鋅的下場卻是截然不同，正因為錫不如鋅那麼大方丟電子給氧氣，此時鐵器反而會反過來丟電子保護錫金屬的安危，也因此馬口鐵一旦有傷口，鐵器反而會不斷往內部鏽蝕，

鋅與錫以各自的方式保護鐵器。

甚至比起沒鍍錫的時候還快速，與鋅可以說是很強烈的對比！

化學小教室

一體兩面的氧化還原

在日常生活當中，因為與氧氣密不可分，「氧化」這個詞聽起來毫不陌生，像是蘋果被氧化、鐵釘被氧化……但只要回到本質上來看，氧化其實就是指電子從原子流出的過程（你可以發現其實氧化不一定要氧氣來參與）；而另一個詞「還原」就是指電子流入原子的過程。更明白地說，氧化與還原分別是電子由 A 原子流出，同時流入 B 原子的過程，因此氧化與還原反應必定同時發生。這就好像是在玩你丟我接的遊戲一樣，只要有人丟球，就一定得要有人接球，否則反應不會發生。也就是說，日常所講的「氧化反應」，正確來說應該是「氧化還原反應」。

鈔票也像電子流到我這就好了……

03
暖暖包
因生鏽而發熱

　　雖然在絕大部分的情況下，我們不希望金屬生鏽，最好能讓器物的使用期限越長久越好，不過在某些情況下，我們反而會希望金屬可以快速生鏽，不要拖拖拉拉的。這時我們可以利用的是**生鏽反應的另外一個特性**——「發熱」。

　　生鏽的過程會放出熱量，只是平常鐵器生鏽的速度實在太緩慢，讓人難以察覺。為了加快反應的速度，人們將鐵塊碎成鐵粉，就像是砂糖溶解的速度比冰糖更快的道理一樣，粉末狀可以增加鐵與氧氣、水氣接觸的面積，反應會更快速。

　　除此之外，還可以在鐵粉**加入一點鹽巴**，要是我們說原本氧氣奪取鐵身上電子的速度有如撥接一樣，鹽巴的介入則像是直接升級成光纖網路，能夠快速地幫助鐵將身上的電子傳遞給氧氣。

在鐵粉裡加入一些鹽巴，能幫助暖暖包加速生鏽以釋放熱量。

於是在這兩種方式的幫助下，鐵粉迅速氧化，放出的熱量就變成你冬天暖手的好夥伴——**暖暖包**啦！

除此之外，中秋賞月，享用月餅時，打開月餅的塑膠袋包裝，會發現裡面除了裝月餅以外，經常還附著一個四四方方、扁扁平平的小袋子，上面寫著「**脫氧劑**」。你有沒有想過：

脫氧劑到底是什麼東西？
為什麼月餅禮盒裡要放脫氧劑？

放脫氧劑的目的很單純，是為了**避免食物的油脂因為氧化而酸敗**。你有沒有聞過那些開封後沒吃完，不小心遺忘在房間角落很久的洋芋片、堅果食品？當你再次打開包裝的時

候，一股令人不悅的油耗味撲鼻而來，這就是氧氣所搞的鬼。

　　既然餅類食品需要運用大量油脂來製作，就不得不謹慎面對油脂酸敗的問題。為了避免食品受到氧氣的荼毒，我們必須安排一個「幫手」，幫忙捕捉包裝袋裡的氧氣，才能延長月餅的保存期限，這就是所謂脫氧劑。人們利用**鐵粉比油脂還快氧化**的特性，保護食物不受氧氣侵害，所以在食物保鮮的領域時常可以看到鐵粉的蹤跡。

　　偶爾當個好奇寶寶吧！如果你曾經拆開月餅塑膠包裝後，將脫氧劑在手上把玩個幾分鐘，你會發現脫氧劑竟然也會逐漸發熱。原理和暖暖包相當接近，當脫氧劑從密封的包裝解放出來，空氣中富含氧氣和水氣，裡頭的鐵粉見狀當然是盡責地捕捉。

　　不過由於脫氧劑的功能並不是讓你吃月餅賞月的時候還能順便暖暖手，而是降低密封袋中的氧氣含量，所以也不用太期待可以暖多久，溫度也不像暖暖包那麼熱喔！

04

燃燒
也是一種氧化作用

　　無論是脫氧劑，或是暖暖包，氧化反應都是相當溫和的，我們所說的「溫和」是指短時間內不會釋放大量熱能。因為氧化反應會依照環境、物質而有不同的反應速度。不過日常生活中，有一種氧化反應能短時間放出大量的熱能，過程之劇烈，所產生的熱能經常被人們用來烹調食物，普遍被用在瓦斯爐與熱水器。在以前電燈不發達的年代，其氧化還原反應所產生的光線，還可以用來照明。你猜到是什麼了嗎？沒錯，就是**「燃燒」**。

　　所謂「星星之火之所以可以燎原」，說明著燃燒經常可能一發不可收拾。

只要可燃物、氧氣和足夠高的溫度，三者齊備，燃燒就會持續到這三者的其中一方消失為止。

燃燒三要素：可燃物、氧氣、溫度。

　　如果時常注意國際新聞，會發現每到夏天，歐美各地經常發生森林大火，尤其是美國加州一帶的森林大火，火勢猛烈，肆虐範圍廣闊，當地政府甚至必須撤離幾萬人或十幾萬人，以確保當地居民的安全。

　　無論是歐美或台灣的森林，在撲滅森林大火時，都會規劃出「**防火線**」，也就是在大火延燒到定點之前，利用人工方式清除草木，開闢出一條沒有草木可供燃燒的空間。當火勢延燒到這一條防火線時，因為缺少可燃物，大火就無法繼續燃燒，將火勢控制在一定區域內，等到防火線劃定的範圍內所有可燃物都被燃燒殆盡，大火無以為繼，也就熄滅了。

　　這種做法看似犧牲了很多珍貴的山林，但卻是最有效的方式。畢竟我們沒有辦法施法隔絕氧氣，而且當面對大面積的火勢燃燒時，即使拚命灑水，也是杯水車薪，倒不如讓燃燒侷限在一定範圍，犧牲那一部分的山林，也不要讓大火往外蔓延。

　　不管從哪一個角度來看，無論是溫和或是劇烈的氧化作用，只要萬物遇到氧氣，似乎都會走向腐敗或滅亡。雖然人們發展出工藝技術，透過電鍍，將容易被氧化的金屬外層施以防護罩加以保護，但人體該怎麼辦呢？

05
吃點維他命 C、E，
人體內也有陰極保護法？

　　身而為人，我們每分每秒都在與氧氣接觸，這也表示，我們一直活在隨時會被氧化的環境中。

　　你有沒有聽過**「自由基」**——這個時常出現在保健相關文章的名詞。如果說氧氣是強盜，喜歡沒事搶別的元素的電子，那麼**自由基就是「強盜集團」**。

　　自由基是一個化學名詞，代表**原子持有電子的一種型態**，詳細的定義稍嫌複雜，但你也許可以理解到，既然它是一種型態，代表它不是特定一種物質，只要符合自由基的定義，就可以被稱為自由基。

　　自由基雖然名為自由，卻時常建立在別人的痛苦上。有一種自由基，名為「氫氧自由基」，和我們在第 5 章談酸鹼提到的「氫氧根離子」長相非常相似，它一樣是由一個氫與

一個氧所構成，只要從「氫氧根離子」的身上拔掉一個電子，就成為「氫氧自由基」了。

氫氧根離子的化學性質比起氫氧自由基安定許多，在多數情況下，不會有事沒事去搶人家電子或送人家電子，這正是由於它持有它所滿意的電子數目，所以一旦我們將它身上的電子移除掉，就像小時候我們被爸爸媽媽或學校老師沒收玩具一樣，見到其他人的電子就眼紅、想搶來玩，才能取回他所期望的電子數目，也因此氫氧自由基是自由基裡面氧化力數一數二強的，對人體傷害自然也很大。

幸好，地球上的物種早就發展出許多獨特的防禦手段來減緩自由基對肉體造成的傷害。在人體當中有所謂的**「抗氧**

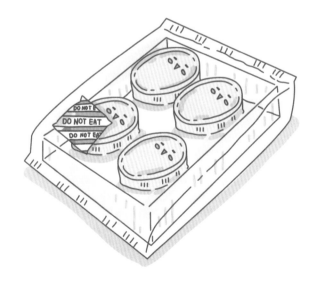

為了延長保存期限，我們會用脫氧劑讓食品避免受到氧氣影響。

化劑」——這個你也許在泡麵包裝曾看過的名詞。在食品保鮮的領域裡，為了讓食物在加工或儲存的過程中，避免受到氧氣影響而腐敗，我們會使用抗氧化劑來保護食品，延長保存期限。而抗氧化劑在人體裡面也有類似的表現，面對自由基有著敢衝、敢死的精神，搶在自由基傷害人體之前，不惜用壯烈犧牲的方式來保護我們。（跟陰極保護法的概念很像吧！）

06

斷章取義的
維他命 C 實驗

什麼抗氧化劑對人體如此重要呢？最常提到的抗氧化劑，莫過於維他命 C、維他命 E 了。由於人體本身沒有辦法自行合成維他命 C，必須依靠攝取蔬菜水果。所以現在你明白了，為什麼從小到大爸爸媽媽總是耳提面命，要求我們不可偏食，必須多吃蔬菜水果的原因。

說到維他命 C，
最有名的實驗便是它與碘酒的反應。

碘酒是碘溶在酒精與水的溶液，在優碘尚未普及之前，碘酒是早期家庭裡泛用的傷口消炎、殺菌用藥，但由於成分含有酒精的關係，刺激性比較強，受傷的人在傷口清潔的時候往往還需要再「痛一次」，因此後來才逐漸被優碘取代。

言歸正傳，碘酒外觀是相當暗沉的紅棕色，但如果我們只要把足量的維他命 C 丟進去攪一攪，就會發現碘酒的顏色越來越淡、越來越淡，從一開始的紅棕色，最後淡化到透明無色的程度，給人很大的視覺震撼。

這樣子的實驗也許你曾經在某些主打維他命 C 的保養品廣告看過，主要原因是想要透過視覺的顏色改變告訴消費者：

「我們的產品富含維他命 C ！」
「黑漆漆的碘酒都能轉白透亮，
更何況是你臉上的斑點！」

從而說服希望改善斑點問題的消費者購買商品，甚至有的廣告詞還會強調碘酒被維他命 C 還原成清水，乍聽之下相當震撼，但是真有這麼回事嗎？

確實，碘本身就是一種**弱氧化劑**，它的行為與氧一樣，能夠搶奪別人的電子，而維他命 C 在這邊則扮演抗氧化劑的角色，將電子塞給碘。碘在得到電子之後就不再是碘了，會變成無色的碘離子，這也是為什麼碘在碰到維他命 C 後，顏色會轉為透明無色的原因。

但關鍵問題來了！
人皮膚上的斑點成分是碘嗎？

答案絕對是否定的，並不是所有黑黑的東西對維他命 C 反應都會一樣，就像鉛筆在維他命 C 裡浸泡再久也不會變白，畢竟成分不相同。

所以說穿了，這項實驗頂多證明**「維他命 C 是個抗氧化劑」**，至於維他命 C 對於淡化黑斑、抹去皺紋有沒有幫助？那就必須另外探討維他命 C 對於黑斑淡化的機制，在沒有充分證據的情況下，並不適合這麼草率將碘與黑斑畫上等號。

主打含維他命 C 的保養品，到底能不能淡化黑斑呢？

07

抗氧化劑
沒那麼可怕

　　所以你應該明白了，以後在看到食品包裝上面有抗氧化劑時，不用立刻急著害怕這是什麼對人體有害的添加物，而是先仔細瞧瞧成分，看清楚到底抗氧化劑的本尊是誰，如果不確定，可以上網查查看，是否會影響人體。

　　事實上，這個世界要是沒有抗氧化劑的存在，食物腐敗的後果反而會讓人體受到更大的傷害，食物也無法長久保存。即使是美味香酥的洋芋片，油脂酸敗時的味道，絕對能讓人食不下嚥。

　　最後還是老話一句：**「這個世界上沒有絕對安全的物質，只有絕對安全的劑量。」**

只要不過度食用抗氧化劑，就用不著憂慮。

　　下一次，當你嘴裡嚼著洋芋片或大快朵頤泡麵時，不妨

把包裝轉到成分標示的那一面，仔細讀一下內容，認識平常默默守護著食品安全的抗氧化戰士吧！

**化學
小教室**

深呼吸，來點氧化還原吧！

　　人們常說，陽光、空氣、水是維持生命的三要素。但其實依照急迫性需求來看，空氣是三要素中最重要、最不可或缺的。人沒有水還能撐上 1、2 天，但缺氧的情況下，撐不了幾分鐘。

　　但依本章的內容來看，好像把氧化劑 —— 氧氣，攝入體內，並不是件明智之舉，因為氧可能會造成身體的細胞、組織氧化而受損。

　　然而，當今的地球生物卻主要都是依賴氧氣生存。以人體來說，呼吸時會攝取氧氣，身體便會利用氧氣來氧化食物中的葡萄糖，產生能量儲存在體內，以備不時之需。但說也奇怪，在地球數十億年的歷史長流之下，現今無論是人類也好，其他生物也好，並沒有因為氧化的缺點而演化到不需要氧氣的地步，想必氧氣對於多數生物來講，無非是利大於弊吧？這是因為有氧呼吸產生的能量比起無氧呼吸還要來得多很多，若進行無氧呼吸根本無法供給日常所需的能量。對於動植物來說，有氧呼吸才能利於存活與生長，而無氧呼吸則是常見於菌類這種體型極小、對能量需求較低的生物。

要勇氣請找梁靜茹，要氧氣只需深呼吸

第 7 章

是調解專家也是整人高手

—— 洗碗精其實是個斜槓青年

喝湯、吃麻辣鍋的時候，湯水的外觀看起來之所以油亮，不外乎是油脂浮在水面上的緣故。我們都知道，油之所以能浮在水面上，是因為在相同體積的情況下，油比水輕。很直覺易懂。但如果我們去請教萬能的 Google 大神就會發現，這世界上比水還要輕的物質，其實很多很多很多。譬如酒精也比水輕，但油、水之間有一條明確的分界線，酒精倒進水裡的情況卻完全不同，很快就均勻地混合在一起，完全沒有界線存在。

　　看來，油之所以能夠浮在水上，除了輕重問題之外，一定還有別的原因，才不會輕易混合在一起。那麼，到底為什麼油、水不能互溶呢？

01
從人際關係
看化學分子的極性

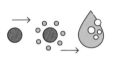

　　化學有個有趣的地方，就是很多原理都可以從日常生活中去找出答案。

　　請回憶一下，在學校課堂或是在人多的團體中，經常可以看見不同性格的人。有些人性情開朗活潑，無論什麼大小事都想要參一腳，聚在一起的時候專門負責講白爛笑話，引得大家哄堂大笑；與之相反的是，團體裡頭一定也會有種人總是安安靜靜，低調不愛出風頭，聊天和關注的話題也總和多數人不太一樣。通常，高調的人都跟高調的人在一起、低調的人也會有一些能與他們談得來的朋友，在一個大團體裡，人們自然而然分成了幾個小團體。正所謂臭味相投，我們總會自然而然往講話調調相近、個性差不多的朋友靠攏。

　　化學的世界也有類似狀況，**每一個化學分子都有它獨特的「性質」，當一個分子遇上另一個分子的時候，如果彼此**

性質相似，就會和對方靠在一起，成為「好朋友」。從外觀看起來，這兩種分子均勻地混合在一起，就像酒精與水一樣；但如果分子之間性質差異太大，就會出現格格不入的狀況，從外觀來看，兩種分子之間會出現一條清楚的分界線，就像油與水一樣。這樣的「性質」，在化學上有一個專有名詞：**極性**。

那麼，為什麼分子會有極性呢？

這又得回到我們先前提過的原子幼稚園。想像一下，兩、三歲的小朋友們聚在一起玩玩具，有些性格鴨霸任性的小孩，看到別人手上的玩具好玩、新奇，二話不說地搶過來玩，被搶的小朋友氣惱得哇哇大哭……原子幼稚園裡的小朋友們也是一樣，經常對於自己身上所擁有的電子數感到不滿意，每次狹路相逢，就會爆發一場電子爭奪戰。

有些生性霸道的原子，遇上性情樂善好施的原子，一個丟掉自己身上的電子，另一個撿走電子。一個願打一個願挨，這樣會產生陰離子與陽離子的配對。

但如果雙方實力相差不多，脾氣又一樣壞，狹路相逢，會發生什麼事呢？恐怕為了奪走對方的電子，一場拉鋸戰想必是在所難免吧？但如果搶了半天，卻沒有辦法把電子從對方身上搶過來，原子們就會彼此「協議」，共有對方的電子。不過，這不一定是個公平的協議，如果是相同的原子，同類

之間當然共存共榮，沒異議地把雙方電子放在兩個人中間一起共用。但要是不同的原子相遇，即便雙方實力相近，但還是會有高下之分，強悍的那一方會把電子往自己這一方「拉近」一些（但還是沒辦法獨享這對電子）。

**電子分配不均等的情形，
便是「極性」的起源，
在化學裡，如果電子被分配得越不平均，
我們會說極性越大。**

自然界，1 個分子經常不僅只由 2 個原子所組成，複雜的時候甚至可能牽連到幾十個、幾百個原子。所以分子的極性大小，便是組成原子之間互相影響而得到的結果。

總之，極性是每個分子與生俱來的特質，就跟你我的個性一樣，只是差別在每個分子的極性有大有小而已。

油與水之所以互不相溶，正是因為水的極性非常大、但油的極性卻非常小。我們不用太過執著誰大誰小，只要簡單理解到，當個性和價值觀迥異的兩個人相遇時，因為很難找到對方的喜好、習慣，所以難以融洽相處。這在化學上有一個名詞，稱作：**同類互溶**，意思就是說，極性相似的物質能夠均勻混合，溶在一起。

化學小教室

酒精與水的特殊性關係

　　酒精與水能夠「破格地」以任意比例均勻混合而不會發生分層。為什麼是「破格」呢？

　　這是因為絕大多數的物質溶於水中時，都會有個溶解上限而無法無限制地一直溶解，這個上限我們一般稱作「溶解度」。

　　舉例來說，準備一小杯水，在裡頭撒點鹽巴攪拌一下，心中默數到 10 就可以完全溶解，甚至不用做實驗你也覺得合情合理。然而如果是一整包鹽倒下去，等到下禮拜、下個月、甚至到永遠，你都等不到完全溶解的一天（而且水還會先蒸發掉）。因此我們才會說，酒精與水是少數可以任意比例混合的特例。

　　　　　　　　　酒水混合無極限，但是酒量有限

02

勸和不勸離的
介面活性劑

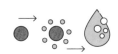

　　在這個社會裡，面對與我們個性、習慣、價值觀差異甚大的其他人，往往第一時間不是試圖親近、理解，而是抗拒、遠離與排斥異己。大家在成長的過程一定都曾被告誡為人必須懂得傾聽、理解對方的立場，但這是一項知易行難的任務，畢竟站在人性的角度來說，理解一個人不僅需要長時間觀察對方言行舉止，自己也要時間消化、認同雙方的歧異。

　　雖然我們都很討厭被貼標籤，但**「標籤化」**卻反而是人人日常理解他人的方法，就像稱呼對方是「某某粉」、「某某迷」之類。因為標籤化的過程不僅快速、也與我們過往的認知百分之百符合，不會有新舊觀念衝突的違和感。但標籤化是一個先入為主且偏頗的代入法，畢竟人與人之間的差異，怎麼可能是三言兩語就能斷定的呢？

　　不過，只要價值觀兩極的人們之中，有誰願意破冰、打

破同溫層，坐下來好好溝通，消除彼此的成見，這兩方很有可能就會放棄對立，從過去的敵對關係轉而為友好。

在化學的世界裡也有類似的狀況，雖然油水之間總是互不相溶，但總是有那麼一位**「和事佬」**願意跳出來化解雙方的壁壘，在它出現之後，只要稍微攪和攪和，油與水便不再具有排斥隔閡，反而互相融合在一起，界線也不明顯。這個人物其實你我天天都在接觸，日常生活中總是離不開它。它叫作**「界面活性劑」**，我們更常稱呼它為**「清潔劑」**。

你有沒有碰過朋友吵架鬧翻，後來有人出來居中協調，化解雙方誤會，重新和好的經驗呢？要能擔任中間人的角色，一定要非常了解雙方個性，才有可能解開誤會。在油與水之間，界面活性劑就是這樣子的一位中間人，由於它獨特的化學結構，在化學上我們時常把它想像成一隻蝌蚪，拖著條長長的尾巴。

界面活性劑之所以可以作為油、水之間的橋梁，關鍵在於其**分子頭尾兩端分別具有「高極性」與「低極性」的結構，能夠一端溶於水、一端溶於油。當我們將清潔劑加到水中之後，再透過刷洗、攪動，界面活性劑會先用親油端將油汙包圍住，此時親水端朝外，再被水包覆帶走，成功剷除油汙。**

界面活性劑就好像是談判桌上的中間人，溫柔牽起油與水兩方的手而握手言和。

界面活性劑就好像是談判桌上的中間人，
溫柔牽起油與水兩方的手而握手言和。

　　由於去汙的關鍵在於界面活性劑包圍油汙，所以要是油汙過多，或者界面活性劑加得不夠，以致於汙垢沒辦法全然被界面活性劑包圍，油汙還是去除不掉的。

　　你一定有清洗過盛裝油雞的碗盤，想必當時也是多擠了一兩次洗碗精才能清洗乾淨對吧？

　　雖然界面活性劑可以作為油與水的溝通橋樑，進而剷除汙垢，除此之外，界面活性劑還有一個很厲害的功能，那就是可以**降低水的表面張力**。

什麼是表面張力？

　　表面張力是液體特有的一個物理性質，液體之所以會有

表面張力，是因為**液體分子之間有彼此牽引的作用力，使得液體傾向於內聚在一起，而不會往四周攤平。**

　　裝滿水的杯子是觀察表面張力很好的教材，相信你一定注意過，只要從杯緣看過去，水面並不是平整與杯緣切齊，而是有稍稍隆起的凸面，而且水位還會稍稍高過杯緣，當杯口越窄的時候，這項特性會更加地明顯。

　　這就是表面張力的表現之一，這股分子之間彼此牽引的力量，有點類似水與水之間手拉著手緊緊靠在一起，就好像一個屏障似的，使得物體要從水面上掉到水底時，必須先突破這道水面的屏障。

　　你知道縫衣針也能浮在水面上嗎？俗話說「女人心海底針」，卻從來都沒聽過有「海上針」的說法。確實，要是我們回到一開始浮沉的原理，由於針比水重，把針丟進去水裡無疑會往下沉。但如果今天我們換個方式，將縫衣針躺平放在手指上，然後輕放在水面，居然針也能成功浮在水上！一開始沒抓到訣竅也許會失敗，但多半是因為針沒有放平，導致一部分的針沒入水中而失敗，只要多試幾次就會成功。這就是依靠表面張力所產生的「水面屏障」而浮在水面的例子之一。

　　而且你可以察覺到，主要並不是依靠水的浮力撐起針，因為如果是依靠浮力，那麼針沒入水後就不應該會往下沉，而是應該像保麗龍一般，不管你多大力往水裡丟，甚至把它

壓到水裡，最後它都能安穩浮在水面。

　　講到這裡，你就能想像得出來，「降低表面張力」是什麼意思了吧？

　　當我們在水裡面加入界面活性劑（譬如洗碗精、牙膏等等會起泡的清潔劑），就形同降低水分子之間牽引的力量，**就好像是讓水吃了肌肉鬆弛劑一樣**。從結果來看，以往能夠被水面「撐起來」的東西，例如縫衣針，就不一定能夠再次被舉起。以剛剛的實驗來說，你可以在實驗的最後，用手指沾一點點洗碗精，然後輕輕地在水面點一下，看看縫衣針是不是隨之沉到水裡了呢？

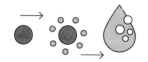

03
廚房小實驗：
觀察神奇的表面張力

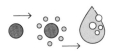

　　不必去實驗室，在家裡利用廚房的道具，我們就能進行簡單的表面張力實驗：

1. 準備一個碗公，裝八分滿的水，在水面上撒滿胡椒粉。

2. 準備洗碗精和其他多種液體，例如牛奶、鹽水，做實驗的對照組。

3. 往胡椒水碗公裡滴入牛奶或鹽水，觀察水面上胡椒粉的反應。

4. 往胡椒水碗公裡滴入少量洗碗精，觀察水面上胡椒粉的反應。

　　如果進行了這個實驗，你會發現，在步驟 3 時，無論滴入牛奶、鹽水，水面上的胡椒粉依舊風平浪靜、毫無反應。

但在步驟 4 時，**一旦加入洗碗精，原本漂浮在水面的胡椒粉彷彿將洗碗精視為鬼怪一般，嚇得急忙朝碗壁方向退開。**

為什麼會有這種神奇的現象？這種現象，該如何解釋呢？

確實，加入洗碗精可以降低水的表面張力，但並不是剛滴下去的瞬間，整碗水的表面張力都是同步下降。因碗公太大了，洗碗精剛滴入水中，還無法快速擴散到水裡的每一處角落，以致於離洗碗精落點較近的水已經溶有洗碗精而表面張力下降了，**但離落點較遠的水還沒受到影響**。就像你在一

在胡椒水的碗中央滴洗碗精時，胡椒粉會朝碗壁方向退開。

杯水裡滴一滴墨水一樣，墨汁剛加下去也不是整杯瞬間轉黑，而是緩緩擴散，直到均勻混合為止。

洗碗精滴下去之後，就像是在繃緊的保鮮膜表面戳開一個小洞，當保鮮膜中央出現破口，受到四周拉扯的力量，保鮮膜會往四周裂開，中間的小洞就被越扯越破，越破越大。

換到胡椒粉水碗公中，情況也一樣，漂浮在水面上的胡椒粉隨著水面「裂開」的方向，向外朝四方碗壁移動，但由於我們看不到水的流動方向，所以才誤以為胡椒粉被「嚇跑」。

其實一天 24 小時裡面，人幾乎離不開界面活性劑。**早起刷牙用的牙膏、洗臉用的洗面乳、洗手用的洗手乳、清洗碗盤的洗碗精、去汙洗滌衣物的洗衣粉**⋯⋯還有**小朋友喜歡玩的泡泡水**，那些能夠讓水起泡的**清潔劑**，無一不是界面活性劑的產品。

即便標榜「純天然」的清潔產品，只可能代表原料取自於大自然，在製造過程中難免也會經過化學加工程序，畢竟產品裡面添加的界面活性劑不一定能在自然界的動植物裡找到，所以

標榜所謂的無毒、純有機這類的字眼，
也許可以讓你在使用上添加幾分安心，
但在用清水沖洗時，
還是要仔細將清潔劑沖洗乾淨。

不過，就像先前幾章我們反覆談過的，不必對於「化學處理」四個字太過擔心。

化學顧名思義，正是變化的科學，透過化學變得更好或者更壞，全憑使用者怎麼處理。相信你絕對是嚮往變得更好的人，畢竟在倒入洗碗精，把髒汙的碗盤沖洗乾淨的過程中，你正在對它們做出「變乾淨」的化學處理呢！

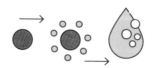

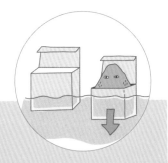

化學小教室

決定沉浮的不是重量，而是密度

　　口語中，我們可能會說：「因為油比水輕，所以油會上浮。」但這樣的表述是很不科學的，因為就算拿一杯油跟幾滴小水珠相混，水珠依然會下沉，所以用重量作為斷定沉浮的標準是不合理的，必須加入「相同體積」作為前提。

　　舉例來說，一個空的小紙盒，拋到水中會浮起來，但如果我們小紙盒中裝滿沙子就不一樣了，即使不用做實驗，都能馬上想像得出來，裝滿沉重沙子或石頭的小盒子一定會下沉。油與水之間的浮沉也與這個比喻很相似，正是因為同體積的情況下，油比水還要輕，所以才像紙盒一樣上浮。

　　在科學上，想要客觀描述物質緻密的程度，使用的是「密度」。科學上對密度的定義是「每單位體積的質量」，如果不好理解，我們以小紙盒的例子來說，同樣的一個小紙盒，在裝填沙子前後的體積雖然相同，但倒入沙子之後，盒內的空氣被沙子取代，整體也因此變重，盒內的空間彷彿也變「密」了許多。可想而知，密度越大的物質越往下沉。所以「油比水輕」我們應該改成：「因為油的密度比水還要小，油才會浮在水上。」

肚裡裝滿食物沉得更快……

第 8 章

歷史留名但罄竹難書

——食品安全黑歷史

在台灣，只要一講到「黑心食品」，幾
乎每個人都能立刻聯想到毒雞蛋、塑化劑、
蘇丹紅、漂白豆芽菜、碳酸鎂胡椒粉、黑心
油……彷彿黑心食品是大家共同的悲慘回憶
（事實上也確實如此）。對民眾來說，對黑
心食品的恐懼，並不會因為某一案被揭發而
有所緩解，反而更是焦慮。就像在家中發現
一隻蟑螂，就代表有更多蟑螂躲藏在看不見
的陰暗角落，令人一想就覺得頭皮發麻。本
章就來聊聊關於食安你不能不知道的化學知
識。

01
三聚氰胺製品
是夜市好朋友

　　每次黑心食品事件爆發時，網路上總有人打趣地說：「就是要把元素週期表吃過一輪才是台灣人啊！」這種戲謔的玩笑經常戳中你我的笑點，但也隱藏著民眾的無奈與悲哀。近年來的黑心食品事件中，最令人印象深刻的，除了發生在台灣的塑化劑事件之外，莫過於 2008 年發生在中國的**三聚氰胺毒奶事件**。

　　這個事件之所以令人印象深刻，主要是因為被「加料」的商品是奶粉，而食用奶粉的受害者，便是嬰幼兒。據說當時受害的嬰幼兒將近 4 萬多人，這些孩子小小年紀，卻因為不肖商人在牛奶中添加有害的三聚氰胺，導致罹患腎結石等疾病。事實上，這件事情雖然發生在中國，卻也影響到台灣，因為當時有些台灣廠商在無意間進口含有三聚氰胺的奶粉，並銷售給連鎖賣場，製作成麵包，引起了台灣民眾的恐慌。

三聚氰胺是工業上製作板材、器皿的重要原料之一。

這些商品會在哪裡出現呢？其實以三聚氰胺為原料製造的器皿非常常見，在夜市裡、小吃店、麵店裡，當你享用蚵仔煎、豬血湯等美食的時候，經常會使用到那些質感像**塑膠的白色、綠色、紅色碗盤**，那些碗盤就是以三聚氰胺作為原料的作品之一，**俗稱「美耐皿」**。

它之所以流行於小吃店等餐廳，主要是因為美耐皿是一種價格便宜、耐高溫、抗腐蝕的餐具，而且在夜市人來人往的環境下，為了消化客源幾乎是分秒必爭，沒有太多時間清洗顧客們食用完的器皿，去過夜市吃飯一定知道，清理殘局的叔叔阿姨幾乎都會拿個水桶，將餐桌上的杯盤一掃而入，要是這時候還用陶瓷類的餐具，恐怕一天之內摔破的碗盤都

夜市裡常見的塑膠白色、綠色、紅色碗盤，就是三聚氰胺製品。

快要將利潤侵蝕到所剩無幾了，這時候美耐皿輕巧耐摔的特性，便受到許許多多店家的青睞，帶來很多便利。

　　等等，工業原料被添加到奶粉當中，聽起來似乎不大對，雖然我們知道添加物有分等級，但是三聚氰胺可沒有「食用級」的，因為它已經確知對人體會造成損傷。不過話說回來，既然大家都知道三聚氰胺不能下肚，卻「情有獨鍾」地在奶粉裡面添加，想必這居中一定有什麼關鍵吧？

化學小教室

當工廠與烘焙坊都在用小蘇打

　　同樣的一個化學品名稱，你可能曾經在工廠與烘焙坊都看過。舉例來說，碳酸氫鈉（俗稱小蘇打）是工業當中相當重要的鹼性原料，同時也是烘焙坊裡烤出鬆軟麵包的關鍵。但是請別擔心，如果是具有「良心」的烘焙坊，就不會拿化工廠那種麻布袋裝的小蘇打加在麵包裡。同樣是小蘇打，根據應用面的不同，我們會作出「工業級」與「食品級」的區隔。畢竟食品級是要吃下肚的，因此對於化學品的純度，還有重金屬等雜質的管控就會相對比起工業級還嚴格許多，當然價格上來講，食品級自然也就比工業級高出不少，此時烘焙坊的良心就很重要了。

致無良的店家：回頭是岸！

02
三聚氰胺蒙混凱氏定氮法，是聰明還是狡猾？

　　奶粉是一種經過濃縮乾燥處理的食品。通常在上市之前，為了確保奶粉裡面的有效成分 —— 蛋白質有足夠高的濃度，會進行「**含氮量測試**」。這裡的**含氮量指的是氮原子的「重量百分比」，並不是「數量百分比」**，當我們面對一個未知的物質，想要知道裡面含有哪些原子，並且各占有多少重量，我們會透過元素分析的實驗來檢測，而檢測奶粉有效成分所用的

「凱氏定氮法」就是分析化學裡，
專門測定氮原子重量百分比的手段。

　　為什麼要針對奶粉進行含氮量測試？而不做其他元素例如含碳量、含氫量？因為牛奶本身富含動物蛋白質，於是構成蛋白質的一個獨特的原子 —— **氮**，就被拿來作為測試指

標。要是**氮的占比太低，就會間接地被認定牛奶成分太少，**被打回票。相對地，由於碳原子與氫原子都是構成動植物常見的原子（以牛奶為例，除了蛋白質有碳、氫原子、其他的物質像是乳糖、維生素等也都有它們的蹤跡），因此當你量測碳、氫含量的時候就會造成干擾，沒辦法知道你得到的分析數值有多少是來自蛋白質的貢獻，因為也可能是其他的「嫌疑犯」。所以綜合以上，我們自然也就只會挑蛋白質獨有的氮原子作為測試對象。

即便如此，這樣的測試還是相當粗糙，如同我們說這是一種**「間接判定」**的手法，假設今天所有的奶粉商都是良心事業，那麼含氮量測試合格，的確就能確定牛奶的純度有一定的水準。但要是有心人想鑽漏洞，在裡面添加「額外的」氮原子，那麼即使氮含量過關，我們也無從確認這些氮是否源自牛奶中的蛋白質，或者根本是人為灌水的結果，就會落入我們剛剛提到檢測碳、氫原子會面臨的窘境。

該說黑心商人很聰明嗎？他們發現了凱氏分析法的缺陷，於是開始動歪腦筋、動手腳。一般而言，**蛋白質的平均含氮量大約 16％**，如果他們想要偷工減料，那麼他們必須找別的氮原子來源來補充，雖然在閱讀這本書的你，目前所呼吸的空氣當中有 80％ 都是氮氣，如此唾手可得的材料，乍看之下拿氮氣來補氮是個很「不錯」的方案，不過，將氣體混合固體並不是很聰明的做法，氣體一定會飄走的。所以其實

只要退而求其次，找到含氮量比蛋白質還高的物質，而且在常溫下必須是固體，並與奶粉相混，這個可怕的黑心生意便大功告成。

一陣尋覓後，**三聚氰胺便成他們的首選**，不為什麼，因為它的**氮含量高達 66%**，也就是說，三聚氰胺的氮含量是一般牛奶蛋白質的 4 倍，**原本只能賣一罐奶粉的原料，一夕之間可以改賣 4 罐**，又由於它是工業上極為大量使用的工業原料，價格極其便宜，因此黑心商人們鋌而走險，把三聚氰胺加進了奶粉裡，想要魚目混珠，降低成本，最終卻毒害了許許多多的人。

黑心商人在奶粉裡加入三聚氰胺以降低成本，謀取暴利。

03

美耐皿會不會
對人體造成傷害？

　　聽到這裡，你或許會眉頭一皺，覺得案情頗不單純。

　　三聚氰胺既然對人體有害，我們怎麼還能放心使用美耐皿餐具？

美耐皿有沒有可能殘留三聚氰胺？
甚至可能就跟著蚵仔煎、豬血湯等美食，
默默地流進我們的體內呢？

　　答案不僅肯定，而且難以避免，因為三聚氰胺製成美耐皿的時候，一定難免無法完全消耗。

　　更糟糕的是，劣質的美耐皿製品中，所殘留的三聚氰胺還會更高，即便是低溫環境，也有可能釋出三聚氰胺。雖然美耐皿耐摔不易破損，但使用時難免因為洗洗刷刷而造成刮

傷、劃痕，這些傷痕，更有可能直接導致三聚氰胺溶出更多。

　　說到這裡，不得不提一下國家環境毒物研究中心曾經公布的一種判定方式：「品質較為優良的美耐皿製品會沉入水中，反之則浮於水上。」不過這種判定法則，很難適用於一般人的日常生活。畢竟逛夜市吃美食的時候，誰會厚著臉皮在點餐前，向老闆要一個盤子當場實驗，再決定要不要吃呢？

　　前面曾說過，關於化學物質的攝入，我們只能說：「只有最安全的量，沒有最安全的物質。」雖然在國際法規中，訂定了成年人的每日容許劑量，台灣也有主動訂定法規控管，不過研究指出，**低劑量的三聚氰胺也可能會提高成人罹患腎結石的機率**（顯示規範中的容許劑量可能還有商議空間），尤其是三餐在外處理的外食族更得留意。所以真正想要避開三聚氰胺的威脅，就得先淘汰你家中的美耐皿餐具，避免使用，外食族也盡量自備環保安全的餐具。如果無可避免，非得使用不可，**請記得多喝點水**。因為在正常情況下，大量飲水代謝，三聚氰胺可以微溶於水，降低結石機率。

　　不過話又說回來，逛夜市的時候，你會發現許多攤商為了應付大量人潮，又不想要浪費水洗盤子，會採用另外一種作法：

把碗盤上套一層塑膠袋，當客人用餐完畢，
就直接把塑膠袋拆下來丟掉，再套一個重複使用。

　　這種作法看似方便、快速，而且還能有效避免油漬沾汙在盤子上，對在意攝入三聚氰胺的食客來說，算是免除了三聚氰胺的威脅，但塑膠袋的過度使用除了有環保的爭議之外，更令人不安的是，熱騰騰的鍋燒麵、蚵仔煎、炒麵等食物，直接與塑膠袋接觸，會不會造成塑膠袋中的物質溶出？譬如說最直覺想到的……**塑化劑**？

04

與塑化劑形影不離的 聚氯乙烯

在台灣黑心食品歷史中，塑化劑可算是近年來最令大家印象深刻的。早期大家對「塑化劑」三個字一無所知，但現在只要提起塑化劑，幾乎人人談之色變。可是，

到底什麼是塑化劑呢？
它和塑膠有什麼關係？

塑化劑中的「塑」字，經常讓人誤以為「只」與塑膠有關，但其實並非如此。

所謂「塑化」，只是形容加入這種物質後，可以讓整體材質變得柔軟、具有高度可塑性。所以在日常生活中，塑化劑無處不在，除了部分的塑膠製品（並不是每種塑膠都會用到）、混凝土、水泥、石膏等等，都有塑化劑的影子，但確實，塑化劑在塑膠的應用面是最廣泛的，也因為用途廣泛，塑化

劑的種類也上百種之多。

但很不巧，既然塑化劑有上百種，不免有幾種對人體的危害性特別高，甚至早已默默陪在我們的身邊。

舉例來說，有一種塑化劑稱為 DEHP，時常應用在我們聽到一種塑膠材質，叫做**「聚氯乙烯」**（英文又作 PVC）。PVC 的水管，色灰、質地堅硬，因此許多大樓或民宅裡都能看見這種水管的蹤跡。除此之外，它還能應用在雨衣雨鞋、保鮮膜等等物品製造上，不僅耐用，又具有很好的防水性。

但，且慢！講到這裡，你是否覺得有些詭異？

同樣都是 PVC，為何 PVC 水管質地堅硬，
但雨衣雨鞋和保鮮膜卻很柔軟？

以其他常見的塑膠來說（例如下文還會再提到的聚乙烯、聚丙烯），如果要調整成品的軟硬程度可以藉由製程方面來調整，但 PVC 本身屬於硬質的材料，要軟化只能藉由添加塑化劑。所以可想而知，**越是柔軟的 PVC 製品，往往要添加越多的塑化劑。**

許多人的烹飪習慣，喜歡把從冰箱中取出的食物，裝在碗盤中，包覆一層保鮮膜，送進微波爐中加熱。會這麼做，主要是因為微波爐加熱時，難免會濺起油水，所以用保鮮膜隔絕，避免加熱過後，微波爐中到處都是噴濺的油水或髒汙。

　　然而如果食物本身具有油脂，依據我們在第 7 章中提到的「同類互溶」，油脂會更容易地從保鮮膜中將塑化劑溶出，而且加熱的情況下還會溶解得比常溫還要多。如今已有越來越多專家學者指出，**如果真要用 PVC 的保鮮膜，務必別讓保鮮膜接觸食材本身**，否則選購保鮮膜的時候，盡可能選擇其他塑化劑風險較低的材質。

　　不過，DEHP 之所以會引起關切，並不是由於致癌性，因為在歐盟的風險評估報告裡面指出，必須要長期且高劑量餵食，才會造成實驗老鼠的肝癌問題。而人鼠代謝機制不相同，因此尚未有證據能夠指出 DEHP 致癌。但它的**真正問題**

越是柔軟的 PVC 製品，往往要添加越多的塑化劑。

在於它屬於「環境賀爾蒙」，也被稱為「內分泌干擾物」，DEHP 會影響人體的內分泌系統，進而干擾生長、代謝、生殖等功能。

　　不過，好在即使不慎攝入了少量 DEHP，依據衛服部食藥署公布的塑化劑 Q&A 當中就有提到，在 24 ～ 48 小時之內，大部分的 DEHP 都可以透過尿液、糞便排泄出人體。如果每天攝入的量低於每日容許量，一輩子都不會對身體造成影響的。雖然話是這麼說，要是心裡還是會對於塑化劑有所介意，最好的辦法就是從生活中盡可能排除 PVC 產品。

05

不是每一種塑膠製品
都必須使用塑化劑

　　說到這裡，不知道你會不會有種疑惑，為什麼我們要如此聚焦在 PVC 身上呢？這是因為，並不是所有的塑膠都必須使用到塑化劑，事實上，如果本身質地已經相當柔軟的塑膠，加入塑化劑只是多此一舉。

　　如果你常常去超市逛逛，就會發現，自從塑化劑風暴過後，有些保鮮膜主打不添加塑化劑，再看看他們的成分，**通常是 PE，也就是「聚乙烯」**。

　　但不使用 DEHP 的塑膠袋、保鮮膜，接觸熱食就絕對安全嗎？這也非常難說，由於塑膠袋的製程還可能會有其他添加劑，以熱食包裝來說，聚乙烯的耐溫僅在 70～110 度之間，而火鍋、熱湯麵、稀飯這樣熱騰騰的食物，常常看到店家往往在湯鍋大滾的時候就盛裝入袋，當下很有可能就超過 7、80 度，而有添加劑溶出的風險。可見，PE 材質也不是最耐

熱的塑膠材質。

生活中常見的塑膠材質中到底誰最能耐得住高溫呢？

答案是 PP——聚丙烯。你可以稍微注意一下，PP 塑膠袋的觸感摸起來也會比 PE 來得強韌許多，它的耐溫範圍是 100 ～ 140 度，現今**速食店、便利商店的熱飲杯蓋，也都是以聚丙烯製成。**下次當你在喝著玉米濃湯或者超商咖啡的時候，稍微留意一下，上頭都會寫著「PP」兩個字，並且也可以看一下上頭寫的耐溫範圍，看看是不是真的比 PE 高出許多。

聚乙烯製成的塑膠袋，耐溫度不高，
如果盛裝物過熱，就有添加劑溶出的風險。

　　食品安全在台灣是急需被重視的議題，要能夠改善現今的大環境，除了當局者及商人必須具備相關的環保意識、良好的檢核、配套措施（當然還得憑良心做事啦），而且消費者本身還得願意花時間做功課辨別好壞，支持品質優良的產品，努力用行動告訴製造商我們希望與不希望的結果，避免劣幣驅逐良幣。雖然這免不了是一場長期抗戰，但絕對值得你從生活的小細節開始落實，漸漸變成每一個人生活的一部分。

塑膠就是小分子的眾志成城！

我們在第 1 章曾說過，要辨別是否為化學變化有個很快速簡便的方式，就是看看變化之後有沒有生成新的**物質**。這是因為在化學反應的過程中，原子會再次排列組合，生成新的分子。

在塑膠合成當中，由於原料小分子的結構所致，原子排列組合之後生成的產物依然可以重複和原料小分子反應，可能是和同種分子不斷重複反應，也可能是和 2 ～ 3 種不同的小分子交替反應（視情況而定）。無論如何，不斷反應的結果，分子變得越來越長串，就像是鎖鏈一環串一環，所以串聯到最後你可以得到一個巨型分子，體積、重量都比一般的小分子還要大的許多。

這種「反應成鏈」的特色之所以特別，是因為大多數的化學反應都不具備這種特質，也正因如此，這麼特殊的分子結構，在化學上我們會特別稱之為「聚合物」或者「高分子」。

聚合物只是物質的一種分類，而塑膠只是聚合物的其中一員，別把聚合物跟塑膠畫上等號，因為組成肉類的蛋白質本身也是一種聚合物，澱粉、纖維素、紙張也是。

雖然說並不是所有聚合物都能從名稱辨別，不過只要你看到中文名稱開頭有個「聚」，八九不離十都跟聚合物脫離不了關係。舉例來說，「聚乙烯」就是由許多「乙烯」分子聚合而成的，「聚丙烯」就是由「丙烯」聚合，以此類推。

聚寶盆就是「寶盆」的眾志成城？

第 9 章

嗨咖與邊緣人的小劇場

—— 「溶解度」狂想曲

近年來氣泡水可以說是最熱門的飲料之一，因為它既無糖，還號稱可以控制體重、促進新陳代謝，飲用氣泡水的風潮從國外吹入亞洲市場，市場穩定擴張中。除了許多飲料廠商相繼加入這場商業之戰，氣泡水機也是近幾年相當火紅的小家電之一。不過我們今天要討論的不是氣泡水的功效，而是要探討：那些氣泡到底是怎麼摻入水裡面，跟水融合在一起的？

01

如果屁不能溶於水，
為什麼會有氣泡水？

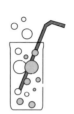

　　你喜歡喝碳酸飲料嗎？通常講到「碳酸飲料」，大家想到的大概都是汽水、可樂。炎炎盛夏，當正午太陽高掛天頂的時候，走在大太陽底下，揮汗如雨的你，要是手邊有罐冰涼的碳酸飲料，光是旋開瓶蓋或打開易開罐的同時，從瓶中衝出那「嘶」的一聲，幾乎就能降低暑熱，更別提灌下飲料當下帶來的沁涼。

　　然而隨著健康與營養意識的抬頭，比起「吃了什麼」，人們更在乎「吃進什麼」，許多人越來越顧忌糖分的攝取。而食品製造商們為了避免讓客人攝取過多諸如果糖、蔗糖之類的糖分，經常會改加入甜味劑，像是阿斯巴甜、木糖醇、山梨糖醇等等成分，作為糖的替代品。是的，這就是為什麼那些口香糖宣稱無糖，但嚼起來依然有甜味的原因。

　　對於嗜甜如命的「蟻人」來說，用甜味劑取代糖，實在

是一大福音。就像是對於碳酸飲料愛好者來說，即使是零卡可樂，也無減於享受氣泡飲料的清爽快感（雖然還是原味的可樂最好喝）。不過還有一群人依然擔憂，這些吃起來甜甜的，卻不是糖的食物，到底會不會對身體造成傷害？於是，想要追求氣泡，卻又不追求甜度的結果，**氣泡水**就應運而生了。

不過，氣泡水到底是怎麼做成的呢？

有一個粗俗但非常貼切的比方，可以讓大家先想想氣體與水的關係。

你有沒有曾經在游泳池、浴缸裡放屁的經驗？ 在水裡放屁時，氣泡可是會從屁股竄出「冉冉上升」，最終消散在水面上，雖然這看起來理所當然，不過你可以留意到，氣體可是從水池底下穿過層層關卡突破水面，並沒有在水中消失，這顯示從屁股竄出的氣體並不怎麼溶於水。很顯然，如果你今天想要做一罐「放屁氣泡水」並不是那麼容易的事情。

事實上，大多數氣體與水之間的相處並不融洽，氣體很難溶解在水中。

「溶解」這種事情就像是學生的活動分組。無論是分組報告或是上台表演，只要老師不硬性規定分組名單，而容許

同學們自己去尋找喜歡的朋友湊一組，那麼你就會看見，大家自發性地去找自己平常交好、喜歡的朋友。這就像我們在前面「同類互溶」中所講到的一樣，喜歡 social 的人，經常會與同樣樂於展現自我、表演欲旺盛的人一組；而喜歡低調的人，也會找個性相似的人一起活動。分子之間的互動與人很相似，也喜歡與極性相似的分子混在一起。

　　這就像是氣體與水的關係，如你所知，氣體非常難溶於水，也就是班上兩團調性完全不相同的團體。所以如果拿個電動幫浦瘋狂往水中打氣，那麼你得到的結果大概就跟你惡作劇跑去對朋友的手搖杯吹氣一樣，除了「啵啵啵」地冒泡以外，整杯水並不會像氣泡水那樣充滿氣體（不過，並非每種氣體都無法與水互溶，還是有一些容易溶在水中的氣體像是氨氣、氯化氫等等，前者溶於水我們稱之為「氨水」，後者則為「鹽酸」）。

氣體與水，就像班上調性完全不同的兩個團體。

　　現在，真正的問題來啦！既然我們知道氣體那麼難溶在水中，它又是如何被封進去汽水、可樂或是氣泡水裡面的？要知道，可樂汽水的氣泡主成分是二氧化碳，它雖然會微溶於水中，但大部分就像水中放屁一樣，咕嚕咕嚕地脫離水的控制。下一節就來幫大家解答這個疑惑。

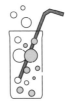

02
用高壓
把水和二氧化碳送作堆！

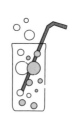

　　儘管**水其實是一種相當萬用的溶劑**，可以溶解的物質相當多，然而，由於二氧化碳和水這兩個人極性差異太大，想要把他們混在一起絕非易事，必須藉由某種外在因素「強迫」它們混在一起。

　　在活動分組當中，最討厭也最尷尬的事情，莫過於最後難免有一些落單的人找不到組別，尤其當自己成為找不到組的其中一員時，那種你看著我我看著你的窘狀，每過一秒鐘都顯得太漫長。回憶一下學生時代的情況，通常在這種時候，老師會怎麼做呢？

　　如果落單的只有一、兩個人，老師通常都還可以稍微徵詢一下同學的意見，幸運一點的話，還可以趁這個機會去跟喜歡的同學湊在一起。但如果落單的人數剛好能夠合併成一組，老師自然就會把剩餘的學生湊在一起囉！

只不過，這種湊法就像是亂點鴛鴦譜，無論這幾個人平時是高調的嗨咖或低調的邊緣人，不管他們平常有沒有交集，在老師的淫威底下，都被硬組成了一個團隊。水跟二氧化碳這時才能溶在一起，但是重點是，到底實務上該怎麼操作呢？在班級上有個老師可以來主導這件事，但是在自然界中，要上哪找這位「老師」呢？

18 世紀的科學家威廉 · 亨利（William Henry）就注意到了這件事。他發現有一種辦法，可以讓我們親身扮演二氧化碳跟水的「老師」，把二氧化碳和水強迫在一起，這個手段就是：**氣體加壓**。

什麼是加壓？你可以試驗看看，找一個沒有金屬針頭的注射針管，用你的手指堵住出口，而另外一手施力推動注射器，當你越推越大力，是不是感覺到阻力也越來越明顯，就算用盡全力也難以將針筒推到底，彷彿針管裡面住了好幾個「館長」在抵抗你？這是因為氣體受到擠壓的時候，針管中的氣體無法排出，會造成內部壓力越來越大，當內部壓力增大的同時，抵抗力也跟著越來越大，除非你再施更多的力才能繼續推動。這就是加壓的過程。

亨利發現，如果想要迫使更多的二氧化碳溶進水裡，那麼只需要做一件事——

加大壓力，二氧化碳就會被逼著跟水溶在一起。這也就是現今製作汽水、氣泡水的基本原理。

　　不過，你我都知道，水與二氧化碳短暫的結合畢竟是強求而來，**強求而來的結果不一定甜美**。你一定有過類似經驗，當你扭開可樂瓶蓋的瞬間，裡面綿密的氣泡就會前仆後繼地湧出，有的時候甚至連帶飲料噴出來，沾得滿手都是。這是因為汽水或可樂的製程就像氣泡水一樣，當初溶在糖水裡的二氧化碳都是廠商用強大的壓力硬灌在水裡的，而瓶蓋扮演著死守關卡的角色，盡可能不讓瓶子裡的任何一個二氧化碳逃脫。

透過加壓，強迫二氧化碳溶在水裡來製造可樂。

一旦移除瓶蓋，可樂裡的二氧化碳就立刻「逃」出來。

　　然而**一旦移除瓶蓋，瓶內的壓力瞬間下降，原本溶在可樂裡面的二氧化碳立刻析出而「逃竄」**，能離多遠就跑多遠、能跑多快就跑多快，而且這個過程來得又快又急，瓶口卻又小小一個，可樂因此就像噴泉一樣湧出。

　　這也是為什麼，碳酸飲料開瓶飲用過之後一定要快點蓋起來，否則時間一長，二氧化碳都散逸出去，留在瓶子裡的就只剩糖水囉！

化學小教室

用氣泡水機來觀察加壓

　　現在許多廠商因為看好氣泡水的市場，紛紛引入氣泡水機。消費者在購買氣泡水機回家時，還必須連同購買二氧化碳鋼瓶。那些二氧化碳鋼瓶裡裝的是高壓的二氧化碳，當它裝進氣泡水機裡，按下打氣鈕時，藉由高壓，機器將二氧化碳「硬推」進水裡，製作成了氣泡水。

　　從外觀看，你會發現在打氣時，水瓶中冒出大量的氣泡，相當療癒。然而氣體鋼瓶是有壽命的，新的鋼瓶由於存有相當多的二氧化碳，打氣的力道相當充足，隨著鋼瓶中的二氧化碳逐漸消耗，氣體壓力也會逐漸變小，直到再也沒辦法把二氧化碳打入水中，這時候就得換新的鋼瓶，這也代表如果你有計畫購入一台氣泡水機，考量價格的時候不能僅有機器本身，還得依據你喝氣泡水的需求，來仔細計算鋼瓶更換的頻率。

但腸胃不好的人，建議少喝氣泡水

03

喝汽水打嗝，
竟然與溶解度有關？

　　談到碳酸飲料，不知道你有沒有發現，無論是哪種氣泡飲料，幾乎大家都喝冰的。雖然也有人選擇喝常溫的氣泡飲料，但好像從沒有人喝熱的可樂、熱的汽水。姑且不論加熱的啤酒、可樂、氣泡水或香檳喝起來口感如何，但為什麼從沒有人想要加熱飲用呢？這是因為熱的氣泡飲料幾乎快沒有氣泡，失去了碳酸飲料帶來的刺激感。

為什麼加熱之後，
汽水中的二氧化碳就消失了呢？

　　首先我們必須先理解，只要牽涉到「溶解」，無論是氣體、食鹽或者即溶咖啡等等沖泡飲料，都和水的溫度脫離不了關係。

在一碗公的清水中投入一小撮糖，剛開始糖溶解得很快，只要稍作攪拌很快就溶解於水，但如果你追加更多糖，隨著投入的量越來越多，漸漸地，無論你再怎麼攪拌，那些沉在碗底的糖就是無法消散。這是因為糖的量已經超過了水能夠溶解的極限，**科學上，我們稱這個極限叫「溶解度」，也就是水最多能夠溶解的糖量**。

不過，溶解度並不是一成不變的，當我們將那碗還有沉澱的糖水加熱，就會發現，隨著溫度增加，沉澱在碗中的糖又開始逐漸溶解。而且**水溫越高，糖對水的溶解度也越高**。

但也不是所有東西都會隨著水溫提升而增加溶解度的，譬如氣體就是很好的例子。當**水溫越來越高，溶解在水裡面的氣體量反而會減少**。這也是為什麼飲用碳酸飲料時容易打

氣體的溶解度，會隨著人體內溫度的上升而下降。

嗝的原因。

人體體溫大約攝氏 37 度左右，比一瓶冰涼的可樂要高出許多，所以當我們打開可樂，暢飲下肚之後，可樂沿著口腔、食道一路往下滑，流動的過程中，人體的體溫就順勢幫可樂加熱，二氧化碳也跟著咕嚕咕嚕地從可樂中釋放出來，脫離液體，沿著食道、口腔往上升，然後我們就忍不住「嗯」地打起了嗝來。

除此之外，有養魚經驗的朋友一定知道，替魚缸換水的時候，絕對不可以用煮沸過的水。雖然你可能會覺得，高溫煮沸過後的水，比較純淨，水裡的氯化物、三鹵甲烷等等物質都會隨著煮沸而排出，但別忘記了，在煮沸的過程中，跑掉的可不僅僅是那些不好的物質，就連攸關魚類生存基本要素的氧氣也不例外，魚兒可是很快就缺氧窒息，翻肚子掛了！

04
二氧化碳全員逃走中！
在成核點集合吧！

　　想要把二氧化碳從汽水裡面趕出來，除了我們提到的加熱以外，不知道你有沒有喝過加鹽沙士的經驗，我指的不是外面已經加好鹽巴的那種，而是自己買沙士回來之後，拿家裡的鹽巴丟下去。相信只要你有做過這件事，看到加鹽之後的變化印象一定很深刻，因為**每加一匙鹽巴，就會有相當綿密的氣泡大量從杯中湧出**。這是因為鹽巴加入的瞬間，提供了一個非常好的**「成核點」**讓二氧化碳聚集，這是什麼意思呢？

　　剛開瓶的碳酸飲料，裡面的氣泡還相當旺盛，只要你稍微仔細觀察一下，氣泡生成的位置並不是平均分散在飲料的每個地方，你會發現**氣泡是由瓶壁「長」出來的**，甚至當你把汽水倒到杯子裡，把手指放進去水中，氣泡也會從你的手指「長」出來。

　　事實上，由於二氧化碳想要從水裡逃脫出來的時候，必須要想辦法克服水分子之間的吸引力，因為當一個氣泡要生成，勢必將要占有一定的空間，因此就必須試圖「推開」氣泡周遭的水分。只不過，水分子之間的吸引力對他們來講就好像是一個監獄，光靠自己一個人的力量是無法推開周遭的水分子而「越獄」變成氣泡的。

　　這個時候你就可以看到，二氧化碳之間的互動可是很有「人情味」的，俗話說團結力量大，既然一個人力量不夠，那麼二氧化碳們就靜候佳機，若有機會相遇便會互相集結成團，等人數夠多、時機成熟了再一起飛走，而這才是你在外觀上所看到的泡泡，但由於二氧化碳平均分散在水中，他們可沒有手機傳 Line 相約，所以要提高他們相遇的機會，我們可以替二氧化碳設立一個「地標」，也就是我們所謂的「成核點」。

　　成核點的意義在於它可以讓二氧化碳立即明白到：

這個地方能快速找到同伴，
大家一起壯大聲勢，脫離水中。

　　什麼東西可以做為成核點呢？一般來說，**粗糙不平的固體表面是絕佳的場所**，這裡的粗糙不平不是指人類感受的層級，對二氧化碳來說，甚至是器皿內壁上輕微的刮傷，都能成為成核點，所以像**寶特瓶的瓶壁、你的手指**，還有**我們加**

每加一匙鹽就會提供成核點，讓大量的二氧化碳從沙士裡冒出來。

鹽沙士的主角——鹽巴都是一個能讓二氧化碳聚攏的場所。

近幾年來相當著名的**曼陀珠噴泉**就是利用曼陀珠本身極為粗糙的表面，讓二氧化碳可以快速地自碳酸飲料析出，只要在剛開瓶的碳酸飲料裡面丟入曼陀珠，有的飲料噴泉甚至一噴就是好幾公尺，相當的震撼！

除此之外，搖晃瓶身也會導致二氧化碳大量析出，最主要的原因也是因為搖動當下容易將瓶中的氣體包入水中而產生氣泡，進而幫助二氧化碳自水中往氣泡聚攏來促進二氧化碳析出。而且在晃動的過程中，也幫助了二氧化碳在茫茫人海當中找到了彼此而聚集起來，當瓶蓋一打開，這些蓄勢待發的二氧化碳便像斷了線的風箏、脫韁的野馬、變了心的女朋友一樣，再也回不來啦！

在化學的歷史裡，很多原本單純的發現，到了後來，卻得到意想不到的利用和發揮。譬如 18 世紀那位發現透過加壓，有助於氣體溶在水中的科學家威廉‧亨利，做夢也不可能想到，他那微小的發現，在未來將會被廣泛應用在生活中，成為碳酸飲料的製作基礎。

在科學上，微溶、難溶水中的氣體，其溶解量與氣體本身的壓力成正比，這樣的結論稱為「亨利定律」。

下一次在大熱天裡，打開冰涼碳酸飲料，對著瓶口往嘴裡灌的時候，除了感受到那股「嘶」的氣泡刺激與清涼感之外，也別忘了威廉‧亨利。那神奇的發現，深深影響、豐富了如今我們每一個碳酸飲料愛好者的人生！

第 10 章

別再說我沒抗壓性！

—— 無所不在的「壓力」

你有「壓力」嗎？「唉呀！」一講到壓力，原本臉上還稍有笑容的朋友瞬間愁雲慘霧，他委屈地說起最近景氣不佳，差點被公司開除，雖然勉強保住飯碗，但年終獎金只剩空氣。

　　「如果可以，真想當爛泥癱在沙發上，一點壓力也沒有。」

　　「給我醒醒！你以為當爛泥就沒有壓力嗎！」

　　朋友聞言一愣，他大概沒有想過，人生在世，連當爛泥都不那麼容易。是的，只要存在這個世界上，就難以避免外在對我們造成壓力，除了工作壓力、求學考試壓力、金錢壓力、升遷壓力、婚姻感情上也有種種的壓力之外，還有一個長期在你身旁，而且揮之不去的壓力存在，就是「大氣壓力」。

01

每分每秒都被空氣圍毆

　　你知道嗎？其實我們早已習慣大氣壓力的壓迫感。不說你可能不知道，正在閱讀這本書的你，全身上下正承受著相當於約三層樓高（約 10 公尺）的水柱重！

　　人類礙於肉眼的限制，無法看清空氣在做什麼。事實上，此時此刻，你周遭空氣可是忙碌得很。由於空氣分子相當輕盈，它們不斷地到處亂竄與飛行。

　　不過別擔心空氣會因此從地球飛走，拜**地心引力**的幫忙，頑皮的空氣分子不會離開地表太遠。不過你必須記得一點：**離地表越遠的地方，地心引力越弱，因此對空氣的束縛力也就隨之下降**，這就是為什麼高山空氣比較稀薄的原因。

　　當然啦，如果一堆空氣分子像無頭蒼蠅一樣亂飛，不僅空氣分子會互相碰撞，而且還會不斷撞擊你的身體。這就好比你站在小朋友玩耍的球池正中央，四周的小朋友們在一聲

人平時全身上下承受著約三層樓高的水柱重量！

令下後，**從四面八方朝你瘋狂投球**，不管怎麼躲，都難免要被球打到。面對這種全方位式的攻擊，通常人只有兩種選擇，要麼全身蜷縮起來，縮小體積，試圖減少被丟中的機會，不然乾脆躺倒在地無所謂投球攻擊。

　　上面這個例子，其實是在解釋**大氣壓力的形成**。空氣不斷地瘋狂撞擊物體表面（也包括你本人），是產生大氣壓力的來源。但你有沒有想過，這股來自於四面八方，無法閃避的瘋狂投球攻擊所產生的壓力，相當於三層樓高水柱壓下來的重量，照理來說，在這種巨大的壓力下，人早就被壓成肉

餅了，但——

為什麼我們能在不自覺的情況下
對抗這股力量呢？

　　這是因為，**人的體內也具備了與大氣壓力相當的內壓，平衡了外在的壓力**。打個比方來說，如果你將手指抵在一張面紙上，只要稍微用力，面紙就會被戳出一個洞；但當面紙的另一端也用手指抵住時，同樣的力道便支撐住了面紙，避免被戳破。人體中的內壓就是這樣子的力量，它抵消了巨大的大氣壓力。

人的體內具備了足以對抗外在大氣壓力的內壓。

搭乘快速向上爬的電梯時，人體的內壓與外在的壓力會不均衡。

　　人在怎樣的情況下，能夠感受到大氣壓力的存在呢？你有搭過 101 大樓的高速電梯嗎？當電梯快速向上爬升時，耳內便感覺到些許壓迫感，聽到的聲音像是耳內覆蓋了一塊布。而當你吞口水時，耳內壓迫的感覺便瞬間消散。這種奇怪的變化，也可以在搭乘飛機起飛時感受得到。但為什麼人會有這種感覺呢？別忘了，我們先前說過，空氣隨著高度爬升而逐漸稀薄，當氣體數量較少的時候，撞擊身體的頻率也就隨之下降，大氣壓力因此隨之降低。但外在大氣壓力降低，而人體內壓不變，在內外壓力不均衡的情況下，一股由內往外的力量撐著你的耳膜讓你感覺到不舒服，這時**透過吞嚥口**

水的動作，導通人體內外的空氣，讓體內多餘的壓力因此釋放，恢復內外壓的平衡。

　　整理上述內容，我們會發現，原來氣體產生壓力的原因，來自於氣體粒子不斷地碰撞物體表面。那麼固體和液體的壓力又是如何產生的呢？

02

從水滴魚
看恐怖的壓力不平衡

　　有別於氣體不斷碰撞物體表面，在日常中你能夠感覺到固體與液體壓力，正是因為有地心引力的存在，任何物體受到地球引力的牽引，都會有一股**向下墜的力量**，當它壓在你身上的時候，你就能具體感受到壓力的存在了。

　　也正因如此，我必須糾正那位想當爛泥躺沙發的朋友。人生在世誰無壓力，不過如果要說誰的壓力比較大，那我們大家都遠輸「水滴魚」一大截呢！

　　水滴魚是一種深海魚類。你可能從沒聽過牠的名字，但如果去網路上 Google 一下，看到牠那彷彿哭喪著臉的神情，塌鼻梁，全身癱軟得像爛泥的模樣，實在很難不覺得牠醜得可愛。

　　既然是深海魚，水滴魚想當然主要生活在深海海域中（約

水深 600 ～ 1200 公尺），牠之所以被人類發現，是因為深海捕撈作業時，被意外打撈上岸。但在我們指著牠古怪長相嘲弄玩笑時，必須先知道，水滴魚並不是故意要長成這種爛趴趴的醜樣子，一切都是因為**壓力驟降**的緣故。

10 公尺的水深相當於一個大氣壓，
換算下來，生活在 600 ～ 1200 公尺的深海中，
水滴魚的環境壓力是我們日常的 60 到 120 倍之多！

因此為了適應深海的高壓，深海魚類也有一套抵抗壓力的辦法。人們利用攝影機偷窺深海情景時發現，**水滴魚在海底時，看起來與一般魚類並沒有什麼兩樣**。但是被意外打撈

因水壓的不同，水滴魚的長相也會有所變化。

上岸時，由於外在環境壓力驟然降低，水滴魚本身也沒有骨頭一般的支撐結構，魚身就像是一個水球軟爛軟爛的，無法以海底那種看似正常一點的樣貌見人，於是就被人類票選為最醜動物，實在是很無辜。

透過水滴魚的例子，你一定可以明白，各種生物都有他們的**「壓力舒適圈」**，人類當然也不例外。海底世界的美麗吸引著許多潛水客慕名朝聖，在地表上生活的人類如果想要到海底世界深淺（一般深潛是指潛水在 18 到 40 公尺深的水域），要是沒有好好考慮到水面跟水中的壓力差異，容易造成一種稱之為「減壓症」的病症，更通俗的叫法，我們稱之為**「潛水夫病」**。

減壓症是什麼原因所造成的呢？

我們在前一章提過亨利定律，講淺一點，就是**壓力越大，氣體溶解越多**的現象。換言之，如果壓力由大變小的時候，氣體就會從液體裡頭釋出，就像汽水罐開瓶一樣。因此潛水夫從海底浮上水面時，要是沒有經過減壓的過程而急遽上浮，原先在海底高壓環境溶在體液裡的氮氣就會變成氣泡釋出，這些氣泡在身體內短時間無法消除，**輕則皮膚發癢、皮疹、關節痛，重則導致死亡**。

也因此潛水員想要從水底浮上水面時，上升的過程不能過快（一般建議以每分鐘 9 公尺的速度上浮），甚至在上浮

到水深 5 公尺的深度時，還會要求潛水員在此進行 3 分鐘的「安全停留」，讓氮氣和緩地從體內釋出才能回到地表。不過**由於氮氣溶於血液是一個漸進的過程，如果潛水的深度沒那麼深，只要在一定的時間以內回到水面上，體內累積的氮氣就不至於對人體造成威脅。**

雖然這個症狀俗稱為潛水夫病，但具有高風險的可不只有潛水夫！

既然這個症狀稱作「減壓症」，只要是身處的環境牽扯到壓力急遽變化，都得思考如何好好與壓力和平共存。像是飛機起飛的時候，飛行高度急遽增加，換言之，氣壓也會跟著急遽下降，照理來說，減壓症或多或少都會反映在乘客上，不過好在飛機上都一定會搭載加壓艙，讓機內的氣壓盡可能與地表接近，才不至於讓一趟舒適的飛行體驗成為折磨人的受刑台。

03

用吸管感受一下
壓力如何影響熔點

　　看到了抗壓性極高的水滴魚，不禁讓人訝異生命為了延續它們的基因，不斷演化出各種不同的生理構造去對抗外在的艱困，當我們見證世界之大無奇不有時，不免發自內心的讚嘆。在壓力之下，我們看見了生命體的強韌，但也發現到，無生命體對於外在壓力的變化，也有著一套屬於它們的應對規律。

　　「熔點」與「沸點」是我們所熟知，也與生活息息相關的物理性質。當把冰塊加熱，從零下的低溫上升到熔點時，代表冰塊將在這個溫度下熔化變為液態水；再持續加熱到沸點時，可以看到液態水將冒泡沸騰，變成水蒸氣，逸散到空氣裡。

　　我們從小到大都被教導，水的熔點是攝氏 0 度，而沸點則是攝氏 100 度，但這兩個數字之所以近乎真理般不曾被改

變過，是因為我們身處一大氣壓的環境下所致。換句話說，**物質的熔點與沸點會隨著外在壓力不同而有所不同。**

　　當外在壓力越大時，大多數的物質熔點會提高，這也意味著會更難熔化；然而水與眾不同的地方在於：

當外在壓力越高時，熔點反而會降低，
這表示冰塊受到擠壓的時候，
會更容易熔化為水！

　　想要親身體驗一下這個現象，我們可以在速食店點一杯飲料，記得別去冰，接著準備一支細口的塑膠吸管（對了，

復冰現象。

速食店已經不提供吸管囉），先儘管把飲料喝完好好享受一番，此時底部是不是堆著許多冰塊呢？就在這時，我們用手將吸管口壓在冰塊上面，一開始力量別太大，慢慢增加力量就好，到最大力的時候稍微「ㄍㄧㄥ」一下，接著再慢慢將力量變小，將吸管拿起來。

嘿，你的冰塊「黏」在吸管上了嗎？

這就是很有名的 **「復冰現象」**，當我們用吸管抵在冰塊上施加壓力時，吸管所壓住的冰塊區域熔點降低，進而融化成水，讓吸管稍微深入冰塊裡面。就在這時我們逐漸將力量變小，冰塊上的壓力消失，熔點上升，原先融化的水又變回冰塊，於是結冰的部位將吸管包覆起來，看起來就像冰塊「黏」在吸管口囉！

04

蒸發與沸騰的差異

　　換個角度來談沸點吧！談沸點與外在壓力的關係時，有一個很重要的物理現象我們不能不先提，就是「蒸發」。

　　把水煮到沸點，水會沸騰，轉成水蒸氣。但液體不一定非得在沸點時才會變成氣體，如果它們這麼「頑固」，恐怕今天日常生活中光是為了除水、除濕，就會鬧出各種意外：

　　「又見一案例！民眾為吹乾頭髮，頭皮竟被『蒸熟』！」

　　「深夜民宅大火！民眾：只是拖完地板後想烘乾。」

　　還好，雖然說理論上液體在到達沸點時，會迅速且劇烈地轉變為氣體，但事實上**在溫度到達沸點以前，液體就已經在偷偷地氣化（稱之為「蒸發」）**。而且**氣化的速率會隨著溫度的增加而增加**（難怪吹頭髮要用熱風），所以上述的恐怖意外，在現實生活中不會發生。

　　如果我們有一雙可以看得見分子在做什麼的眼睛，你會

發現，沸騰這件事，就像是全軍動員一樣，在溫度升高的過程中，所有液體分子都蠢蠢欲動，想要轉變成氣體，這也是為什麼燒開水時，水面會**劇烈翻滾冒泡**的原因。

於是我們會發現，蒸發與沸騰這兩件事在本質上存在著巨大差異。人們在拖完地板等水乾的時候，不會看見地上的水「啵啵啵」地冒泡，是因為蒸發的過程中，僅有表層的水變成氣體而已。因為只有表面的分子會飄走，所以蒸發的過程比起沸騰而言緩慢且溫和了許多。

這也就是說：

**只要是身為液體，在溫度到達沸點前，
都會透過蒸發的模式緩慢變成氣體，
差異只在於蒸發的速度快或慢而已。**

蒸發的速率除了與溫度有關，還與液體本身是什麼**物質**有關，譬如酒精只要抹在手上後不斷摩擦生熱，就會快速氣化，消散在空氣中，但如果是水就沒辦法這麼輕易氣化。

不過，在密閉空間中，液體沒辦法無上限蒸發喔！你有沒有把沒喝完的礦泉水旋緊瓶蓋後，放在桌上一整晚過呢？第二天再來看這個瓶子的時候，你會發現，瓶子內壁上凝結了很多小水珠。另外，你有沒有想過，為什麼只要是封緊的瓶子，裡面的水分不會通通蒸發掉，變成一瓶「水蒸氣」呢？

　　我們可以這樣說，水與水蒸氣之間變化的過程，不是單程列車。**水有可能成為水蒸氣，水蒸氣也隨時會轉為液態水（稱之為「凝結」）**，只是蒸發與凝結的速率不一定一樣快，兩者競爭的結果，決定你會看到什麼現象。

　　所以當瓶蓋旋上的那一瞬間，水分依舊不斷地蒸發，但由於一開始水蒸氣不夠多，水蒸發的速率比水蒸氣凝結的速率還快，所以你看不出瓶內有什麼變化，畢竟人眼是看不到水蒸氣的嘛！但隨著蒸發的進行，水蒸氣也隨之越來越多時，凝結的速率也就越來越快。等到水蒸氣的數量達到一定程度時，凝結速率終於與蒸發一樣快，所以你就可以看見瓶子內壁水蒸氣凝結的痕跡，也就是那些小水珠了！因此我們知道，在密封環境下，水蒸發與凝結的速率最終會相等，此時水量不再有任何增減，自然不會變成一瓶水蒸氣。

溫度越高，水蒸發得越快。

05

為什麼食材
在高海拔地區不易煮熟？

現在，回憶一下我們開頭講過的壓力吧！氣體之所以會形成壓力，是因為氣體粒子不斷碰撞物體表面。液體蒸發時，蒸氣理所當然也會成為壓力的來源。經過我們剛剛在密封礦泉水瓶的說明，我們知道密封環境下，水不會無上限地蒸發而變成一瓶水蒸氣，這也代表水蒸氣數目不會無上限地增加，最終會在水蒸發與凝結速率相等時達到最大值。既然水蒸氣數目有上限，水蒸氣所造成的壓力就也有上限，因為氣體的數量會直接影響壓力大小，氣體粒子越多，撞擊物體表面的頻率越高，壓力也就越大。

針對水蒸氣壓達到上限的情形，科學上會用「飽和」這個詞來形容，這時候的水蒸氣壓，又稱作「**飽和蒸氣壓**」，也就是這個溫度下，水蒸氣壓力的最大值，不會更高了。如果想要提升這個上限，那麼只需要想辦法提升水蒸氣的數量

就好。但你可能會問，水蒸氣數目的上限不是已經被固定了嗎？所以我們增加水蒸氣數目的手段是「升溫」。透過升溫，不僅可以讓水蒸發的速率變得更快，水蒸氣的數目也會隨著溫度提高而增加，飽和蒸氣壓便能隨之提升。

如果就這麼一直升溫下去會發生什麼有趣的事呢？當你不斷提供熱量，飽和蒸氣壓也隨著溫度提升，一旦與環境壓力（大氣壓力）相等時，我們會發現，此時的水就像是準備衝出去玩的小朋友們一樣興奮，不僅表面會蒸發，連底層部分也開始翻騰冒泡……咦？這個現象不就是**沸騰**嗎？

於是我們發現了，外在的壓力就好像是液體的緊箍咒，如果液體溫度不夠高，就不具有那麼強的蒸氣壓來「突破」這個束縛。結論就是我們所知道的：

因為氣壓所致，水在攝氏 100 度的時候才會煮沸。

但換句話來說，只要能夠掌控外在的氣壓，水的沸點高低，也就可以被人為掌控了？

一點都沒有錯！你有登過高山的經驗嗎？台灣最高的氣象觀測站在玉山北峰，海拔 3844 公尺，是台灣海拔最高的建築物。在玉山上，觀測員天冷的時候，如果要煮火鍋吃可不像在平地上那麼容易，除了食材、燃料都得靠人力背上山之外，最重要的是，在高山上煮火鍋相當辛苦。畢竟高山上的氣壓比平地來得低，於是**在山頂煮開熱水或高湯，不需要**

像平地一樣加熱到攝氏 100 度就能沸騰。一般來說，海拔每上升一公里，沸點就會下降約攝氏 3 度，以玉山觀測站的高度來看，**只要攝氏 90 度左右就可以把水煮開**，但對火鍋裡的食材來說，想要煮透，90 度可能還不夠，因此必須要花長一點的時間。

06

壓力鍋讓你
免於一場地心探險

反向思考一下，既然壓力降低，水的沸點也降低，那麼：

如果想要讓食材快一點熟透，
是不是只要跑到地勢最低的地方，
隨著氣壓變大，就可以達到目的？

這是一個合理的想法，不過遺憾的是，撇開海洋世界不說，現今陸地最低窪的位置在約旦和以色列交接的死海，地勢低於海平面約 430 公尺。按照推算，此地煮水能達到的沸點溫度大概在攝氏 101 度左右，相差 1 度的情況下，能夠加快多少煮食的速度，未免有限。

好在，在科技發達的今天，我們不需要千里迢迢飛過 21 個台灣的距離來到死海，就能達到期望的目的 —— 只要買一

個**壓力鍋**就好。**壓力鍋正是藉由加壓來提高沸點，快速煮熟食物的廚具**。

壓力鍋具備氣密性良好的鍋蓋，在加熱的過程中，鍋子裡的空氣受熱，導致壓力變大，但又因為鍋內密封的環境，壓力無處釋放，所以**內部壓力越來越大，沸點也越來越高**。以市售壓力鍋來說，水溫可以達到攝氏 110 ～ 120 度之間。所以烹調一些必須長時間燉煮的食材，像是紅燒牛腩、燉煮豬腳或骨頭高湯之類的餐點，效率比一般鍋子來得高。

如果你使用過壓力鍋，就會發現，當我們烹煮完香噴噴的紅燒牛腩，興匆匆地關火，解開鍋上的排氣閥，把鍋內過多壓力排放掉後，在打開鍋蓋的瞬間，會發現鍋子裡的湯水

壓力鍋內部壓力大，所以沸點也高，適合燉煮難煮熟的食材。

居然還**繼續在翻騰**，這又是為什麼呢，瓦斯不是關掉了嗎？

　　這是因為用壓力鍋來煮食材的時候，由於沸點上升，鍋子裡的水溫超過攝氏 100 度！但當我們洩壓之後，沸點雖然瞬間降回攝氏 100 度，但水溫沒能降得那麼快，所以你會發現壓力鍋中的湯水還像沸騰一樣地翻騰。但如果煮完後不急著開蓋，等鍋子逐漸降溫，就不會看到這樣的景象了。

　　講到這邊，也許你早已發現壓力無所不在，雖說無法用肉眼看見，僅能透過感覺來體會。但早年的人們透過對事物的觀察與推測等手段，企圖證明壓力的存在，後來又透過技術，將肉眼看不見的事物，運用在日常生活中，讓它們為人所用，造福我們今日的生活。

　　以壓力的運用而言，在日常生活上，人們發明了壓力鍋，將壓力運用於烹飪；在科學的發展上，科學家發現壓力也能左右物理、化學反應的結果，讓我們進而發現氣體壓力對於人體的影響，才擺脫地球和大氣層的種種限制，賦予人類踏入宇宙，向地球以外世界探索的能力。這看似微小的發現，很有可能將在未來徹底改變了人只能居住地球的命運。

壓力或許無所不在，
但壓力也給了人們探索未知的動力與勇氣。

化學小教室

相信我，你其實看不見水蒸氣

我們總覺得開水煮沸時所噴出的白煙，就是水蒸氣，其實是錯的！

要是肉眼能夠察覺到水蒸氣的存在，那麼我們周遭的空氣就會出現朦朦朧朧的現象，因為水蒸氣是無所不在的。

那熱水上蒸騰的白煙到底是什麼東西呢？答案是液態的小水滴。由於室內的溫度比水蒸氣低，攝氏 100 度的水蒸氣蒸騰上來的同時，遇冷會凝結成水。因為它們是體積非常非常小的水滴，只能順著熱氣往上飛而逐漸消散。但如果想要捕捉它們也並不難，只要看看鍋蓋內壁，就會發現有很多水蒸氣冷凝成的小水珠。

四周變得朦朦朧朧好像也是一種美

後 記

　　嗨，先恭喜你看完這本書！

　　作為一本書的後記，還是不免俗地要感謝看到這裡的你（就算你是直接跳到最後來看也沒關係啦），希望讀完這本書之後，可以讓你對化學多一些認識，畢竟許多人一看到書名是跟化學相關，就連忙說道我跟化學不熟我有空再看。但，你卻翻開了！光憑這點，我認為你絕對值得在心裡偷偷地撒花轉圈拍手來誇獎一下自己，跨出同溫層絕對不是一件容易的事情。

　　雖然我在書本裡面 diss 了很多看起來荒腔走板的事情，但我的原意並非希望大家以後看到化學都要用絕對正面的評價去看待。因為任何一件事情都有一體兩面，化學當然也不例外，我並不覺得大家讀完這本書之後，就應該從「化學好壞壞」改觀成「化學好棒棒」。相反地，我希望可以改變的是現今大家對於化學的歧視，讓大家用客觀的角度來看待化學。畢竟當人處在光譜的兩端時，就很容易忽略掉光譜另一

端想傳達的訊息，唯有保持客觀才能清晰面對事實與分析好壞，而不是先入為主地在深入了解之前就妄下定論，這對於科普教育與推廣來說實在相當可惜。更不用說當今社會要討論如何制定科學相關的政策時，很多不必要的爭執都消耗在科學不正確的基礎上。

當然啦，生活上跟化學相關的現象還很多，族繁不及備載，希望這本書可以作為你走入化學的敲門磚。由於這本書是推廣給對化學小有興趣但又不知道從何入門的社會大眾，所以深度有限，如果有興趣了解更多或者想試試看直接跟他硬起來嗑理論，就非常建議大家多多利用搜尋引擎的力量來幫助理解。

跟過去一個世代相比，現今取得資訊已經相當容易，不像以前一樣非得依賴圖書館不可，但正因為過於容易，這個世代的難題就在如何辨識訊息的真假。以我自己的習慣，我喜歡參考本身就有一定公信力的出處，因為通常他們本身就是該方面的專業，必要時也會引用有公信力的文獻，而不是像農場文章一樣喜歡用聳動的文字來挑撥你的情緒。最後如果你找到了一篇你信賴的資訊，那就恭喜你啦，如果你行有餘力，還可以再試著多找幾篇具有公信力的文章，如果他們的看法也都一致，那麼正確性就已經相當高，你就可以放心把這個高品質的知識裝入腦袋。

作為作者，不敢自己說這本是個高品質的讀物，但還是

希望要是「化學之神」天上有知，知道這世間還是有許多人願意幫他發聲，可以為此深感欣慰。雖說不一定要知道滲透壓才能煮好一鍋綠豆湯，但要是這本書可以帶給你「哦～原來如此！」的感受，化學之神一定會微笑著點點頭，雙手敞開歡迎你了解更多這世界的奧妙。

國家圖書館出版品預行編目資料

化學有多重要，為什麼我從來不知道？/陳瑋駿 著. -- 初版.
-- 臺北市：商周，城邦文化出版：家庭傳媒城邦分公司發行，民
109.08
　　面：　公分. --
ISBN 978-986-477-894-2（平裝）

1.化學　2.通俗作品

340　　　　　　　　　　　　　　　　　　　109011024

化學有多重要，為什麼我從來不知道？

作　　　　者 ／陳瑋駿
責 任 編 輯 ／陳名珉、劉俊甫

版　　　　權 ／黃淑敏、翁靜如
行 銷 業 務 ／黃崇華、周佑潔、周丹蘋
總　 編　 輯 ／楊如玉
總　 經　 理 ／彭之琬
事業群總經理 ／黃淑貞
發　 行　 人 ／何飛鵬
法 律 顧 問 ／元禾法律事務所　王子文律師
出　　　　版 ／商周出版
　　　　　　　城邦文化事業股份有限公司
　　　　　　　台北市南港區昆陽街16號4樓
　　　　　　　電話：(02) 2500-7008 傳真：(02) 2500-7759
　　　　　　　E-mail：bwp.service@cite.com.tw
　　　　　　　Blog：http://bwp25007008.pixnet.net/blog
發　　　　行 ／英屬蓋曼群島商家庭傳媒股份有限公司城邦分公司
　　　　　　　聯絡地址：台北市南港區昆陽街16號8樓
　　　　　　　書虫客服服務專線：(02) 2500-7718・(02) 2500-7719
　　　　　　　24小時傳真服務：(02) 2500-1990・(02) 2500-1991
　　　　　　　服務時間：週一至週五09:30-12:00・13:30-17:00
　　　　　　　郵撥帳號：19863813　戶名：書虫股份有限公司
　　　　　　　讀者服務信箱E-mail：service@readingclub.com.tw
　　　　　　　歡迎光臨城邦讀書花園 網址：www.cite.com.tw
香 港 發 行 所 ／城邦（香港）出版集團有限公司
　　　　　　　香港灣仔駱克道193號東超商業中心1樓
　　　　　　　電話：(852) 2508-6231　傳真：(852) 2578-9337
　　　　　　　E-mail：hkcite@biznetvigator.com
馬 新 發 行 所 ／城邦(馬新)出版集團 Cité (M) Sdn. Bhd.
　　　　　　　41, Jalan Radin Anum, Bandar Baru Sri Petaling,
　　　　　　　57000 Kuala Lumpur, Malaysia
　　　　　　　電話：(603) 9057-8822　傳真：(603) 9057-6622
　　　　　　　Email：cite@cite.com.my

封 面 設 計 ／FE設計
版 型 設 計 ／FE設計
插　　　　畫 ／楊章君
排　　　　版 ／新鑫電腦排版工作室
印　　　　刷 ／高典印刷有限公司
經　 銷　 商 ／聯合發行股份有限公司
　　　　　　　電話：(02) 2917-8022　傳真：(02) 2911-0053
　　　　　　　地址：新北市231新店區寶橋路235巷6弄6號2樓

■2020年（民109）8月6日初版1刷　　　　　　　Printed in Taiwan
■2024年（民113）4月24日初版3.5刷　　　　　　城邦讀書花園
定價 380 元　　　　　　　　　　　　　　　　　www.cite.com.tw

104台北市民生東路二段141號2樓

英屬蓋曼群島商家庭傳媒股份有限公司　城邦分公司

請沿虛線對摺，謝謝！

書號：BU0162　　書名：化學有多重要，為什麼我從來不知道？　編碼：

商周出版

讀者回函卡

感謝您購買我們出版的書籍！請費心填寫此回函卡，我們將不定期寄上城邦集團最新的出版訊息。

不定期好禮
立即加入：
Facebook

姓名：_____ 性別：□男 □女

生日：西元_____年_____月_____日

地址：_____

聯絡電話：_____ 傳真：_____

E-mail：

學歷：□ 1. 小學 □ 2. 國中 □ 3. 高中 □ 4. 大學 □ 5. 研究所以上

職業：□ 1. 學生 □ 2. 軍公教 □ 3. 服務 □ 4. 金融 □ 5. 製造 □ 6. 資訊

□ 7. 傳播 □ 8. 自由業 □ 9. 農漁牧 □ 10. 家管 □ 11. 退休

□ 12. 其他_____

您從何種方式得知本書消息？

□ 1. 書店 □ 2. 網路 □ 3. 報紙 □ 4. 雜誌 □ 5. 廣播 □ 6. 電視

□ 7. 親友推薦 □ 8. 其他_____

您通常以何種方式購書？

□ 1. 書店 □ 2. 網路 □ 3. 傳真訂購 □ 4. 郵局劃撥 □ 5. 其他_____

您喜歡閱讀那些類別的書籍？

□ 1. 財經商業 □ 2. 自然科學 □ 3. 歷史 □ 4. 法律 □ 5. 文學

□ 6. 休閒旅遊 □ 7. 小說 □ 8. 人物傳記 □ 9. 生活、勵志 □ 10. 其他

對我們的建議：_____

_____

_____

【為提供訂購、行銷、客戶管理或其他合於營業登記項目或章程所定業務之目的，城邦出版人集團（即英屬蓋曼群島商家庭傳媒（股）公司城邦分公司、城邦文化事業（股）公司），於本集團之營運期間及地區內，將以電郵、傳真、電話、簡訊、郵寄或其他公告方式利用您提供之資料（資料類別：C001、C002、C003、C011 等）。利用對象除本集團外，亦可能包括相關服務的協力機構。如您有依個資法第三條或其他需服務之處，得致電本公司客服中心電話02-25007718 請求協助。相關資料如為非必要項目，不提供亦不影響您的權益。】

1.C001 辨識個人者：如消費者之姓名、地址、電話、電子郵件等資訊。　　2.C002 辨識財務者：如信用卡或轉帳帳戶資訊。

3.C003 政府資料中之辨識者：如身分證字號或護照號碼（外國人）。　　4.C011 個人描述：如性別、國籍、出生年月日。